全国高等农林院校“十三五”规划教材
国家级实验教学示范中心教材
国家级卓越农林人才教育培养计划改革试点项目教材

DONGWU

动物组织学与病理学图谱

DONGWU ZUZHIXUE YU BINGLIXUE TUPU

祁保民　王全溪 • 著

中国农业出版社

图书在版编目（CIP）数据

动物组织学与病理学图谱 ／ 祁保民，王全溪著．—北京：中国农业出版社，2018.5
全国高等农林院校“十三五”规划教材　国家级实验教学示范中心教材　国家级卓越农林人才教育培养计划改革试点项目教材
ISBN 978-7-109-24031-5

Ⅰ．①动…　Ⅱ．①祁…　②王…　Ⅲ．①动物组织学－高等学校－教材②兽医学－病理学－高等学校－教材
Ⅳ．①Q954.6②S852.3

中国版本图书馆CIP数据核字（2018）第067694号

中国农业出版社出版
（北京市朝阳区麦子店街18号楼）
（邮政编码 100125）
责任编辑　武旭峰　王晓荣
文字编辑　王晓荣

中国农业出版社印刷厂印刷　　新华书店北京发行所发行
2018年5月第1版　　2018年5月北京第1次印刷

开本：787mm × 1092mm　1/16　　印张：8
字数：187千字
定价：49.00元

前言

动物组织学、兽医病理学是动物医学专业重要的专业基础课，课程中包含着大量形态学内容，形态学是基础兽医学的主要内容之一。动物组织学是基础学科，只有掌握了动物机体的正常结构，才能进一步研究动物机体的生理活动及由致病因素引起的形态结构和机能变化的规律。兽医病理学是联系基础兽医学与临床兽医学之间的桥梁，形态结构方面的病理变化是病理学的重要内容，是认识、研究动物疾病的重要基础，也是诊断疾病的重要依据，了解形态结构的变化对于兽医病理学的教学、动物疾病的诊断具有重要价值。

正常组织结构及病理变化图片以其直观的特点，在教学中发挥着重要作用。将正常组织学结构和病变结构进行比较，将更利于学生复习组织学知识以及理解病理变化。

根据教学需要，在长期积累的资料的基础上编写了这本彩色图谱。本书内容包括组织学、病理学典型形态学图片300多幅，收录了主要器官组织的正常结构、基本病变、器官病变以及部分疾病的特征病变。本书具有以下特点。

1. 图谱包括组织学及病理学的典型图片，便于对照；

2. 内容比较系统、全面，既包括了主要器官组织的组织学结构，也包括了基本病理变化、器官病变以及疾病病变；

3. 对每张图片均进行了适当说明。

书中图片是编写者在工作中长期积累的，其中，组织学图片全部由王全溪提供，病理学图片全部由祁保民提供，所以图片均未再署名。

本教材适用于动物医学专业、动物科学专业学生，也可作为畜牧兽医工作人员的参考书。

在编写过程中，得到了福建农林大学动物科学学院领导的大力支持，黄志坚教授提出了宝贵的建议，在此向他们致以衷心的感谢！

由于学术水平有限，书中难免有疏漏和错误之处，恳请读者给予批评指正。

祁保民

2017年10月

目 录

第二篇　病理学图谱

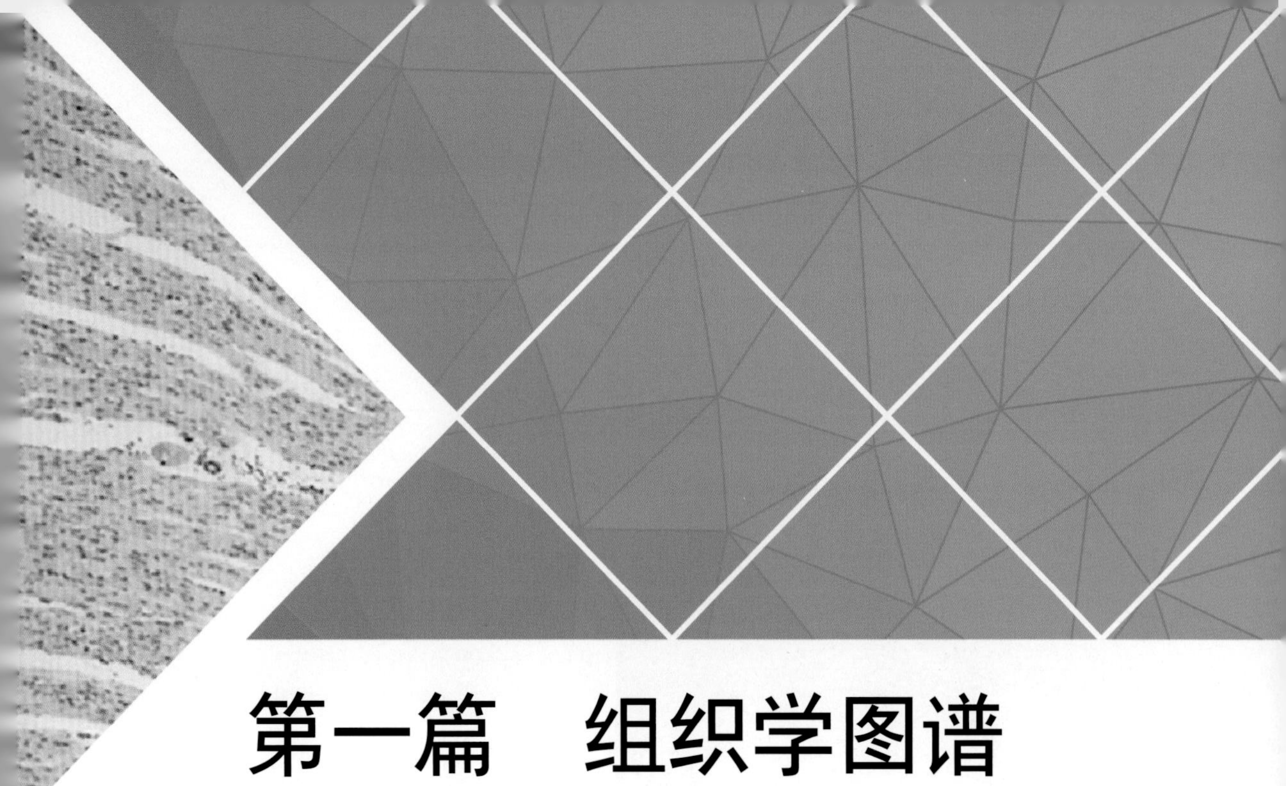

第一篇　组织学图谱

第一章　细 胞 学

一、线粒体

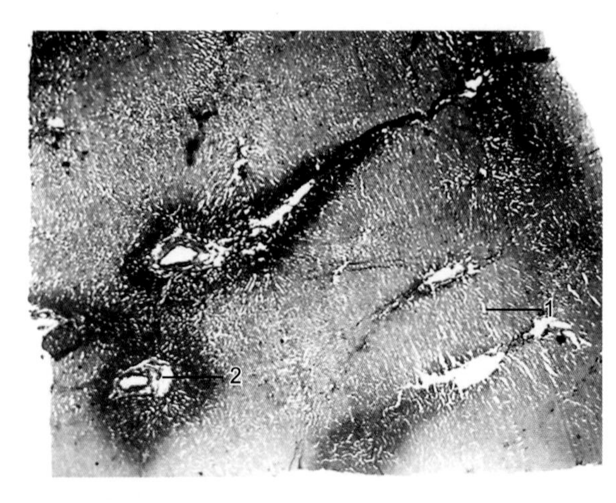

图1-1　肝细胞示线粒体（铁苏木精染色，×40）
1.肝索　2.中央静脉

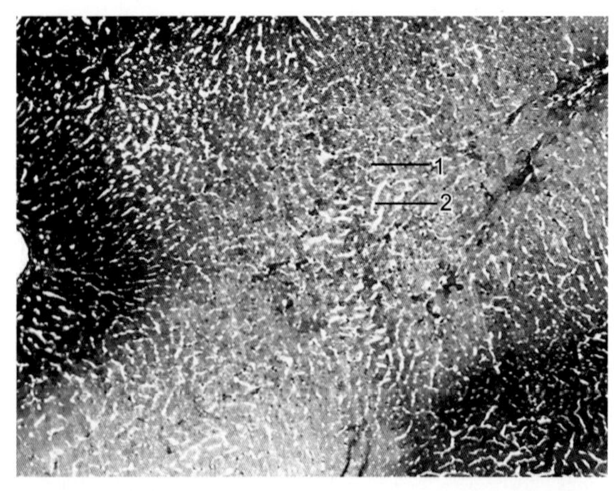

图1-2　肝细胞示线粒体（铁苏木精染色，×100）
1.肝索　2.肝血窦

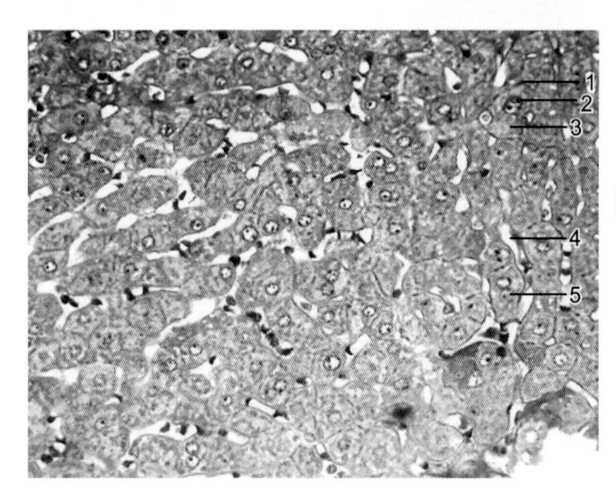

图1-3　肝细胞示线粒体（铁苏木精染色，×400）
1.细胞膜　2.细胞核　3.细胞质　4.肝血窦　5.线粒体

二、高尔基体

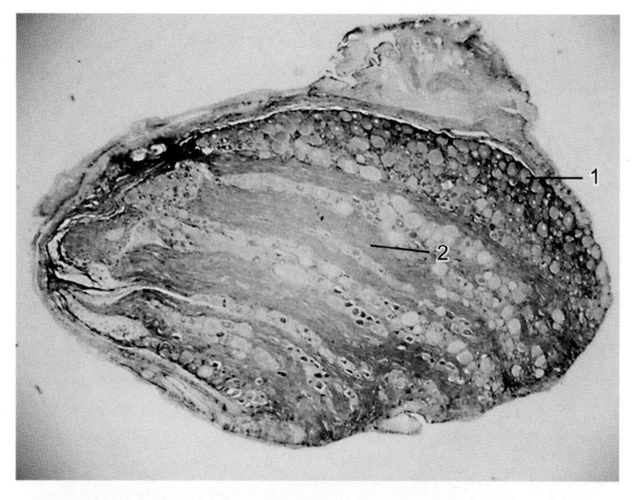

图1-4　神经节纵切片示高尔基体（镀银法，×40）

1.神经节细胞　2.神经纤维

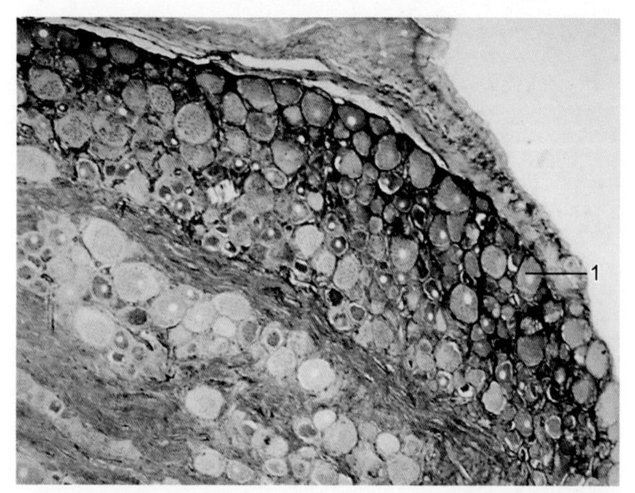

图1-5　神经节纵切片示高尔基体（镀银法，×100）

1.神经节细胞

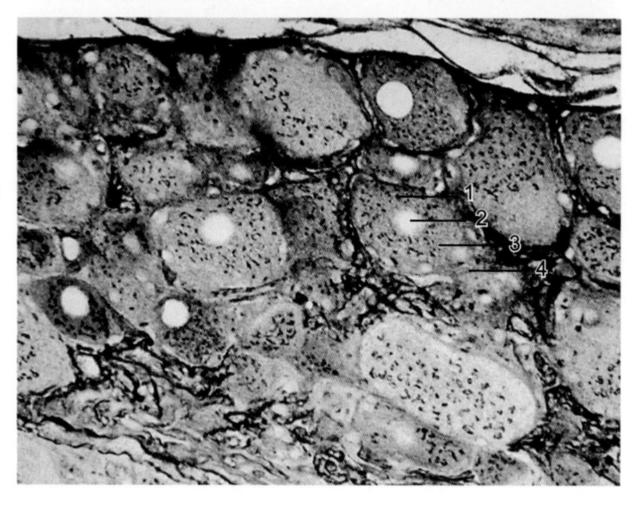

图1-6　神经节纵切片示高尔基体（镀银法，×400）

1.高尔基体　2.细胞核　3.细胞质　4.细胞膜

三、有丝分裂

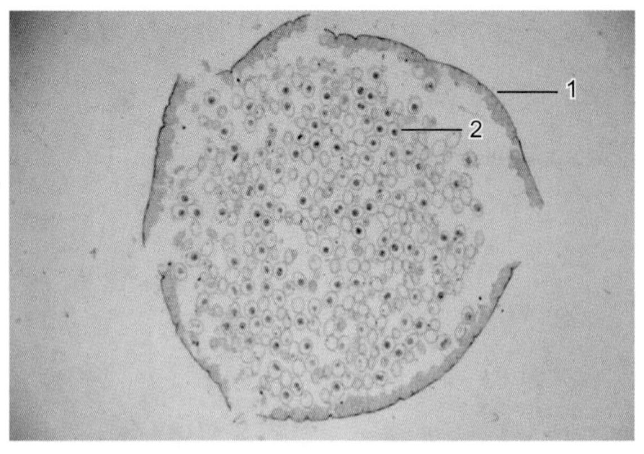

图1-7　马蛔虫子宫示蛔虫卵细胞有丝分裂（铁苏木精染色，×40）

1.蛔虫子宫　2.蛔虫卵

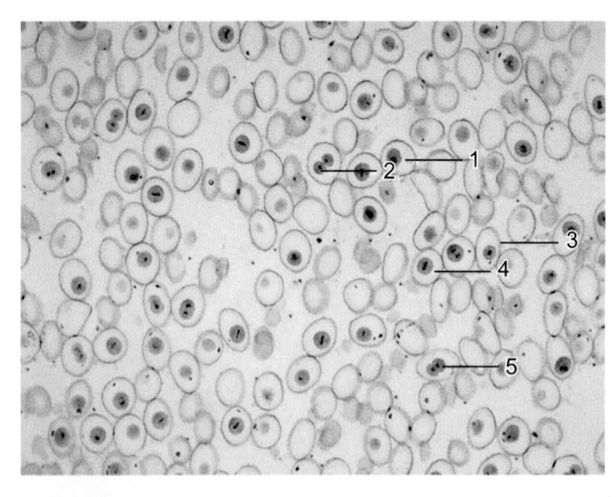

图1-8　马蛔虫子宫示蛔虫卵细胞有丝分裂（铁苏木精染色，×100）

1.前期　2.末期　3.蛔虫卵　4.中期　5.后期

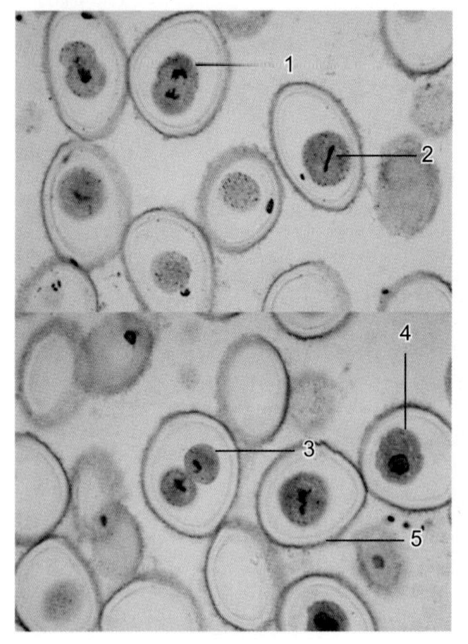

图1-9　马蛔虫子宫示蛔虫卵细胞有丝分裂（铁苏木精染色，×400）

1.后期　2.中期　3.末期　4.前期　5.卵膜

第二章　上皮组织和结缔组织

一、单层扁平上皮

图2-1　肠系膜铺片示单层扁平上皮（正面观，镀银法，×40）

图2-2　肠系膜铺片示单层扁平上皮（正面观，镀银法，×100）

1.单层扁平上皮

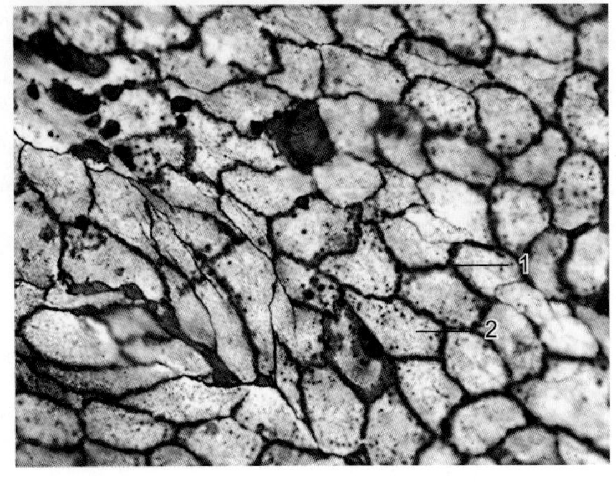

图2-3　肠系膜铺片示单层扁平上皮（正面观，镀银法，×400）

1.细胞膜（细胞间隙小，排列紧密）　2.单层扁平上皮

二、单层立方上皮

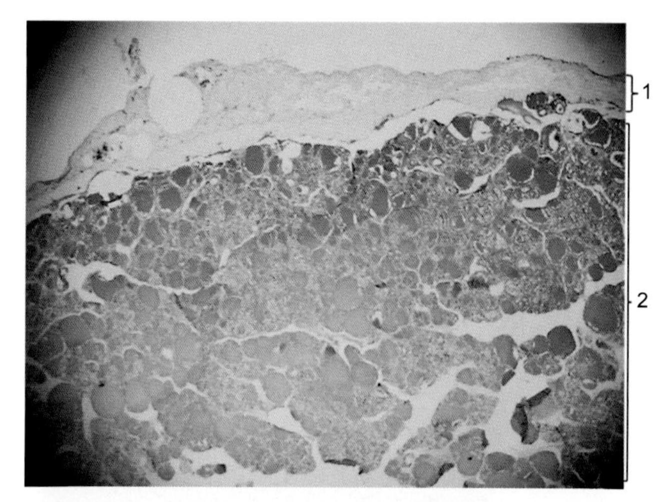

图2-4　甲状腺切片示单层立方上皮（H.E.染色，×40）

1.被膜　2.实质

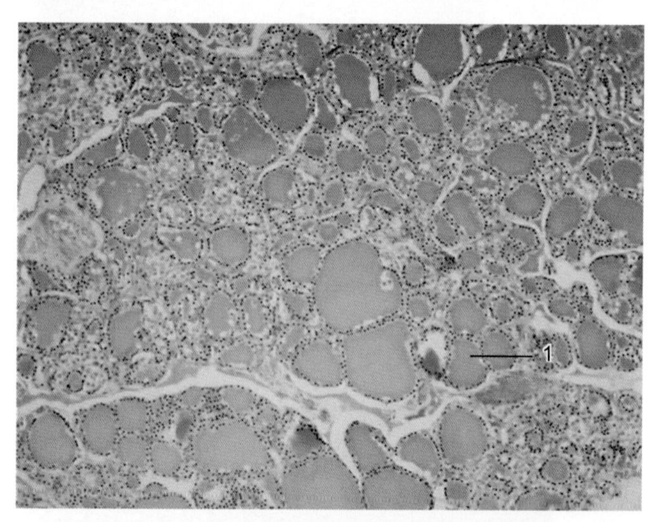

图2-5　甲状腺切片示单层立方上皮（H.E.染色，×100）

1.滤泡

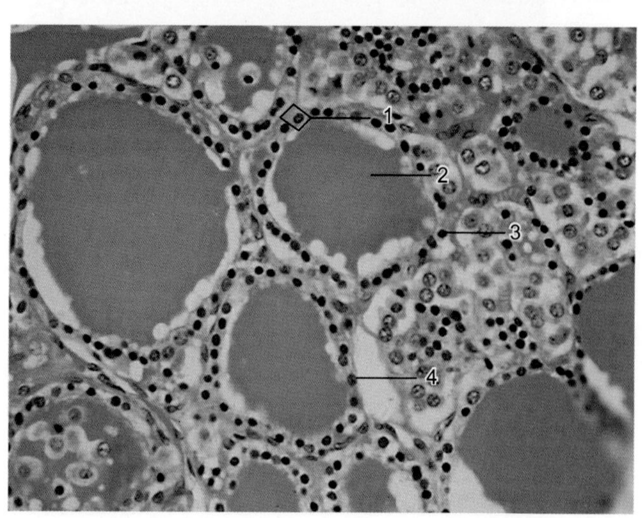

图2-6　甲状腺切片示单层立方上皮（H.E.染色，×400）

1.细胞　2.甲状腺球蛋白

3.单层立方上皮　4.细胞核

三、单层柱状上皮

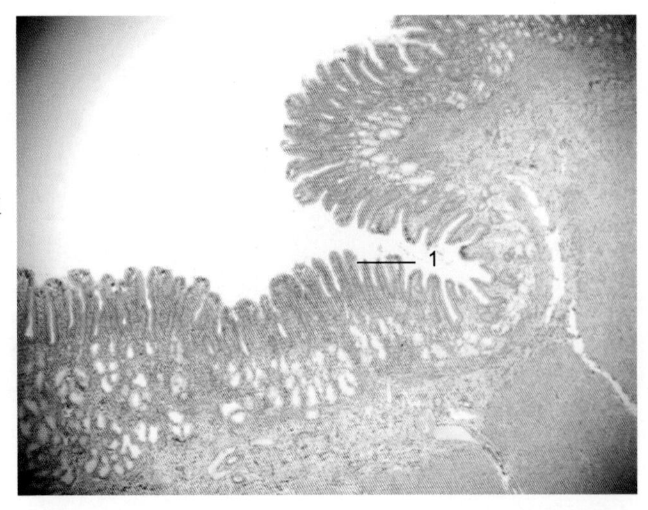

图2-7 小肠横切片示单层柱状上皮（H.E.染色，×40）

1.肠绒毛

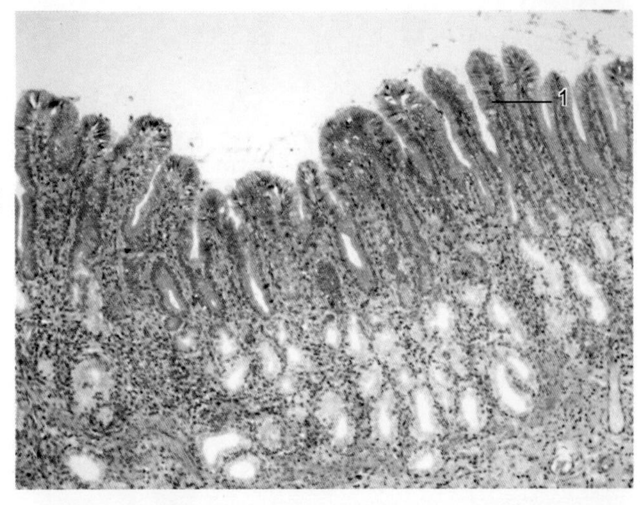

图2-8 小肠横切片示单层柱状上皮（H.E.染色，×100）

1.肠绒毛

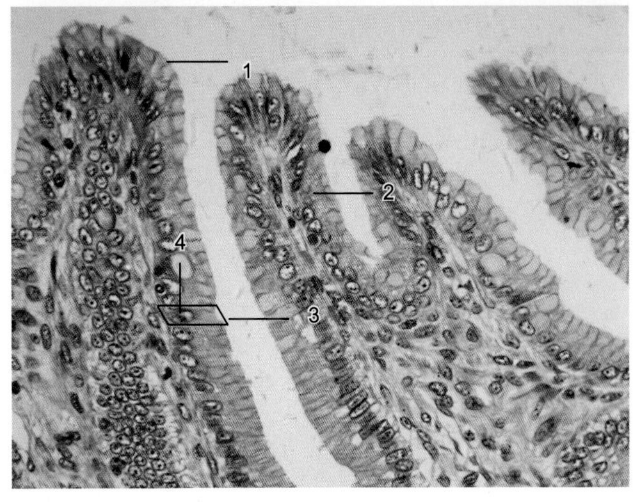

图2-9 小肠横切片示单层柱状上皮（H.E.染色，×400）

1.纹状缘 2.肠绒毛
3.单层柱状上皮 4.细胞核

四、假复层柱状纤毛上皮

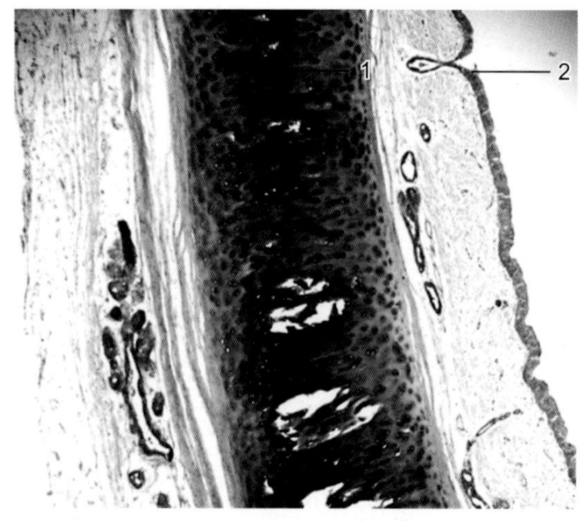

图2-10　气管横切面示假复层柱状纤毛上皮（H.E.染色，×40）

1.软骨　2.假复层柱状纤毛上皮

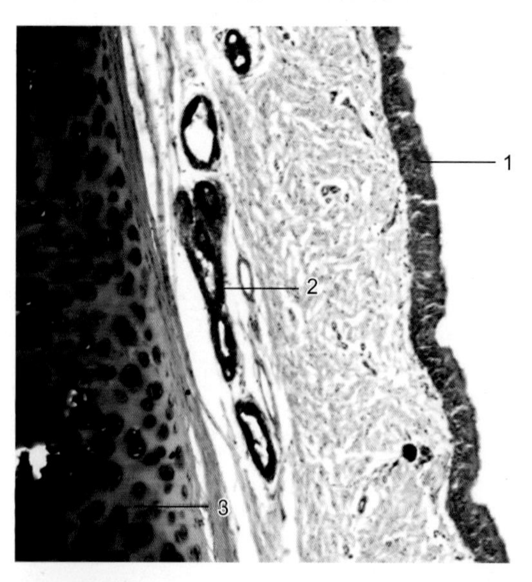

图2-11　气管横切面示假复层柱状纤毛上皮（H.E.染色，×100）

1.假复层柱状纤毛上皮　2.气管腺　3.透明软骨

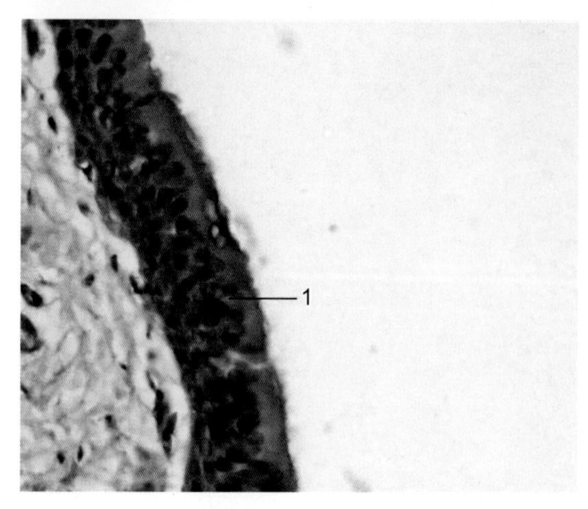

图2-12　气管横切面示假复层柱状纤毛上皮（H.E.染色，×400）

1.假复层柱状纤毛上皮

五、复层扁平上皮

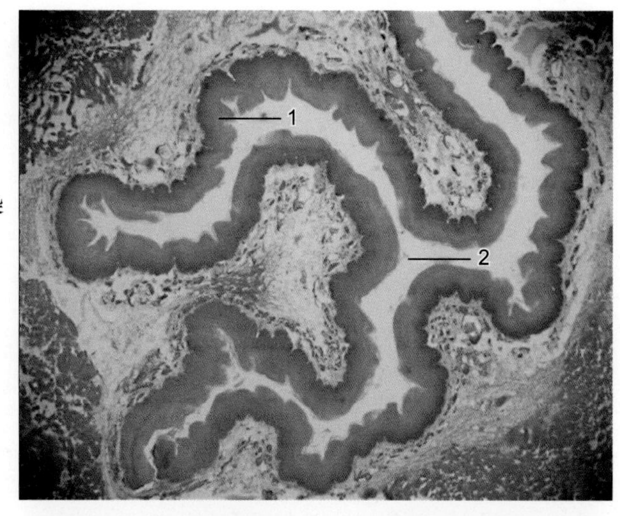

图2-13 食管横切片示复层扁平上皮（H.E.染色，×40）

1.上皮 2.食管腔

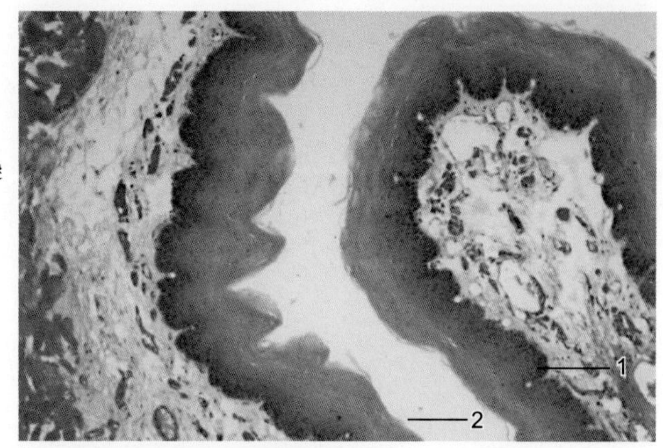

图2-14 食管横切片示复层扁平上皮（H.E.染色，×100）

1.上皮 2.食管腔

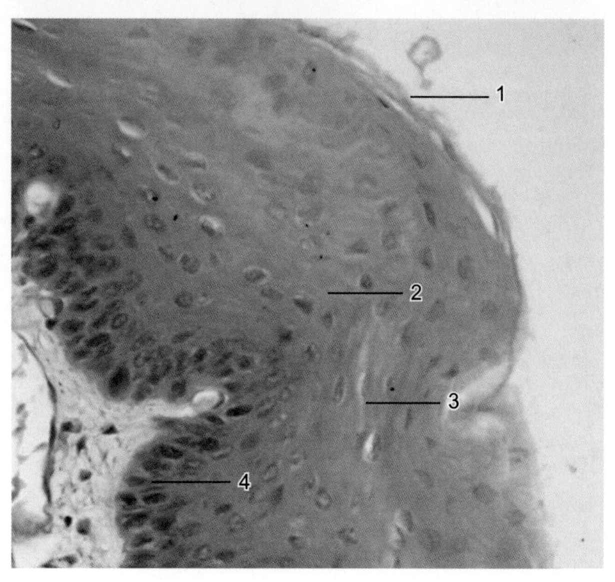

图2-15 食管横切片示复层扁平上皮（H.E.染色，×400）

1.表层 2.复层扁平上皮 3.中间层 4.基底层

六、疏松结缔组织

图2-16　皮下结缔组织铺片示疏松结缔组织（H.E.染色，×40）

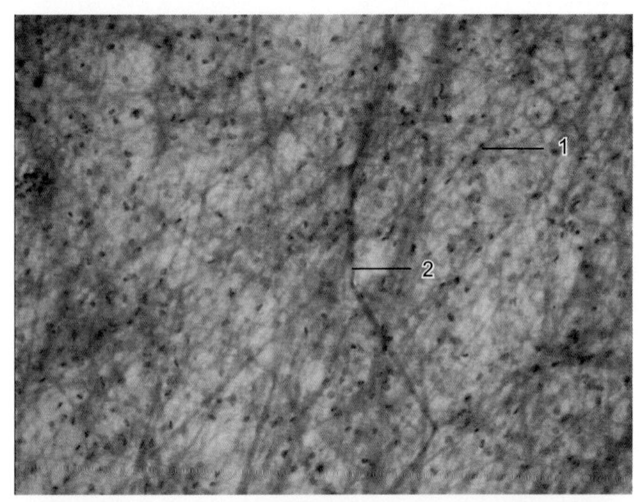

图2-17　皮下结缔组织铺片示疏松结缔组织（H.E.染色，×100）

1.细胞　2.纤维

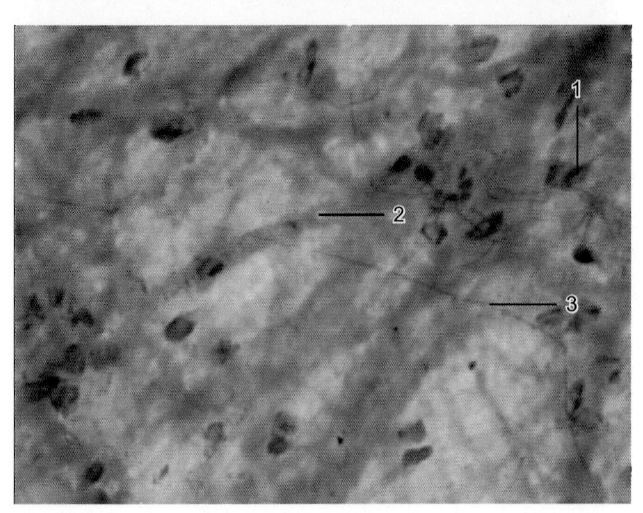

图2-18　皮下结缔组织铺片示疏松结缔组织（H.E.染色，×400）

1.成纤维细胞　2.胶原纤维　3.弹性纤维

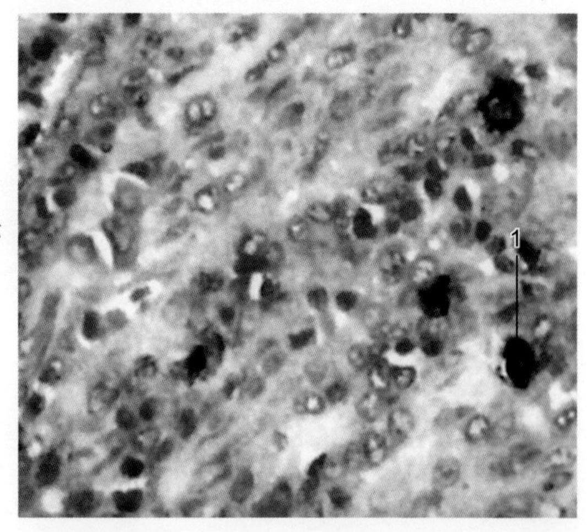

图2-19　小肠固有层示浆细胞（免疫组织化学法染色，×400）

1.浆细胞

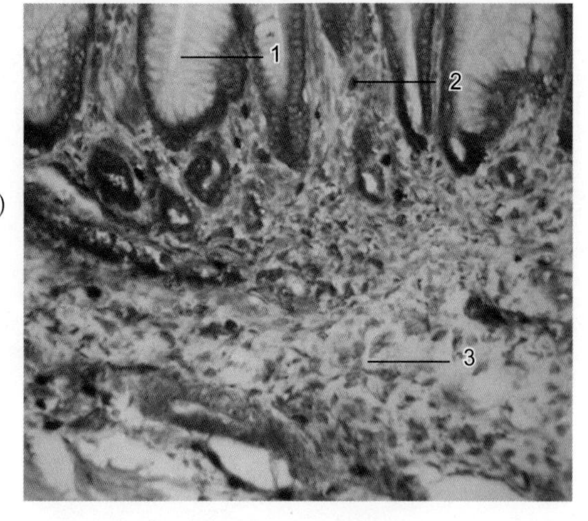

图2-20　小肠固有层示肥大细胞（甲苯胺蓝染色，×400）

1.肠隐窝　2.肥大细胞　3.黏膜下层

七、软骨

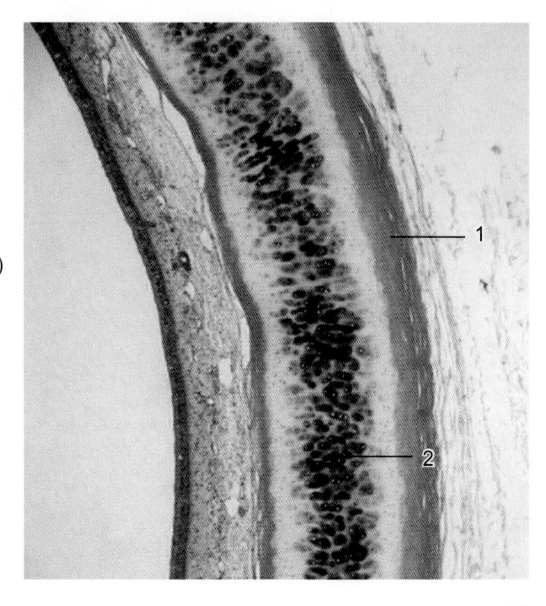

图2-21　气管横切面示透明软骨（H.E.染色，×40）

1.软骨膜　2.软骨质

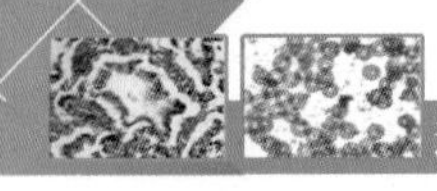

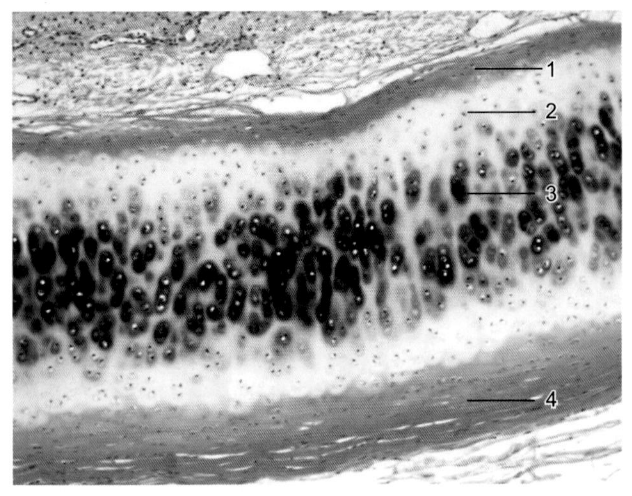

图2-22　气管横切面示透明软骨（H.E.染色，×100）

1.软骨膜　2.幼稚软骨细胞　3.成熟软骨细胞　4.软骨膜

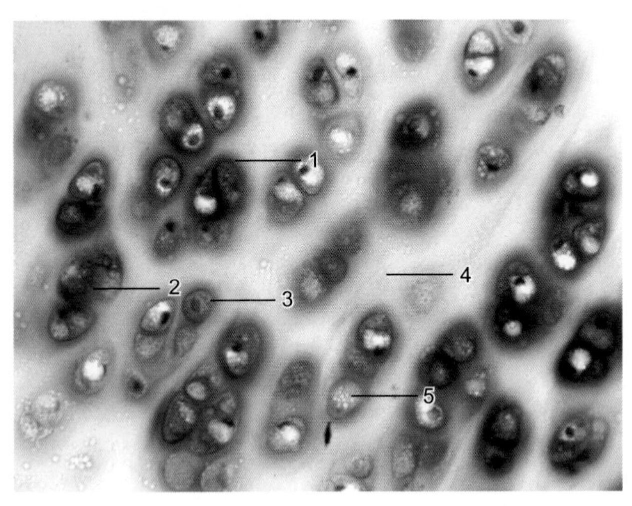

图2-23　气管横切面示透明软骨（H.E.染色，×400）

1.软骨囊　2.同源细胞群　3.软骨细胞　4.基质　5.软骨陷窝

八、骨

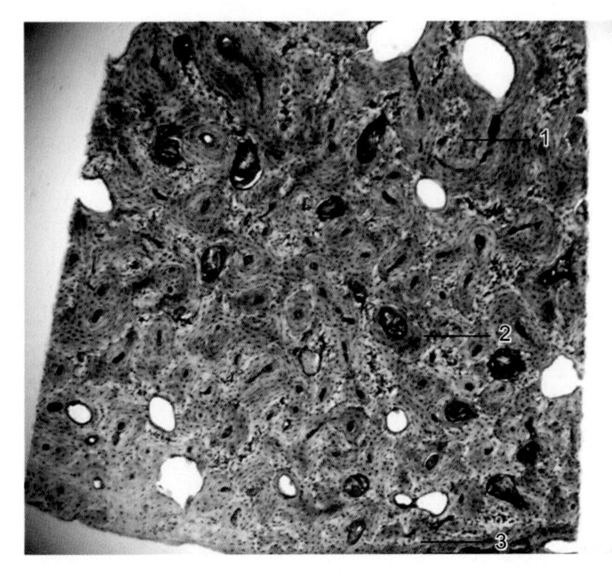

图2-24　骨干横磨片示骨单位（H.E.染色，×40）

1.间骨板　2.骨单位　3.外环骨板

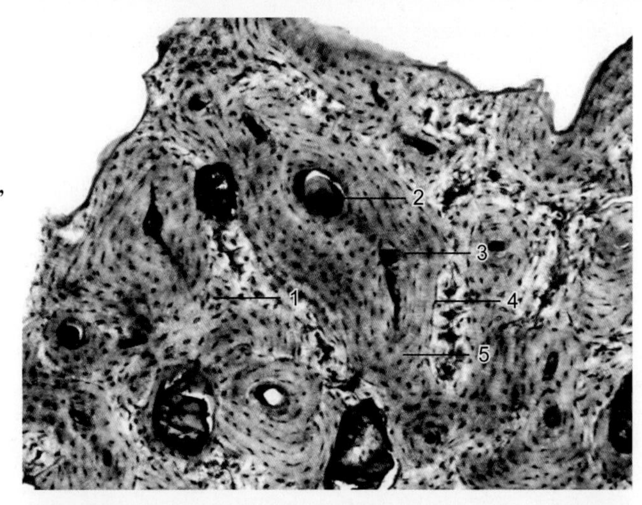

图2-25　骨干横磨片示骨单位（H.E.染色，×100）

1.间骨板　2.哈佛管　3.哈佛骨板　4.黏合线　5.哈佛系统

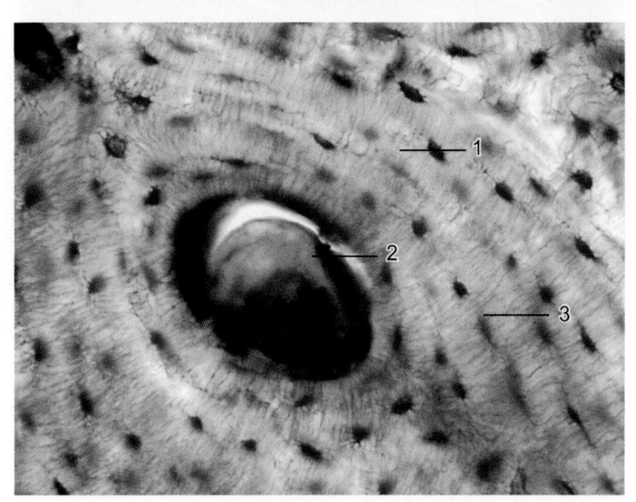

图2-26　骨干横磨片示骨单位（H.E.染色，×400）

1.哈佛骨板　2.哈佛管　3.骨细胞

第三章　肌组织、神经组织和神经系统

一、骨骼肌

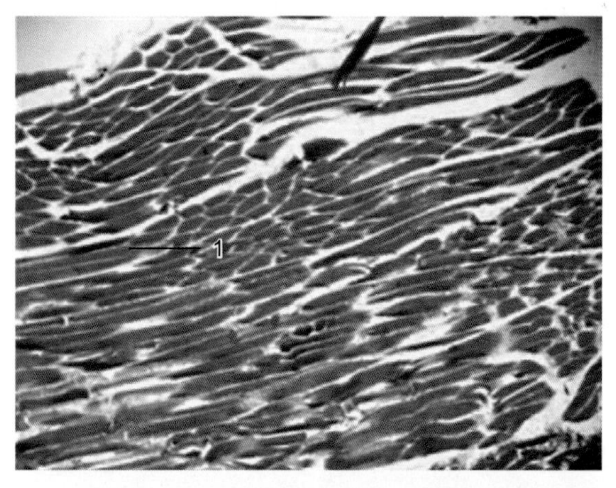

图3-1　骨骼肌纵切（H.E.染色，×40）
1.肌纤维

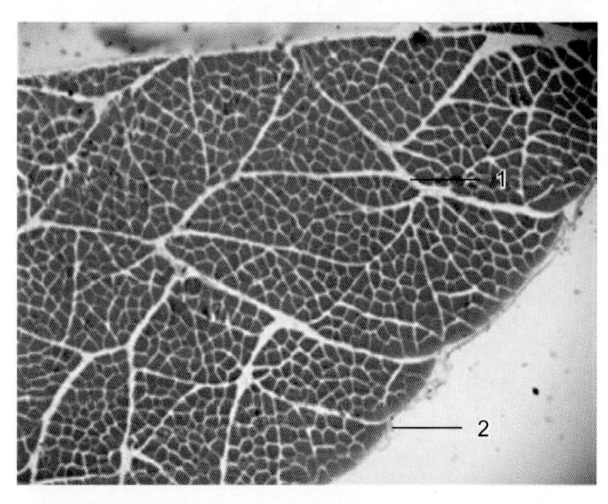

图3-2　骨骼肌横切（H.E.染色，×40）
1.肌束膜　2.肌外膜

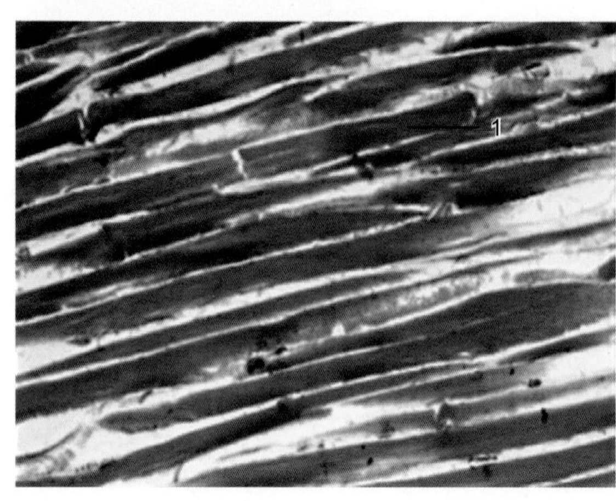

图3-3　骨骼肌纵切（H.E.染色，×100）
1.肌纤维

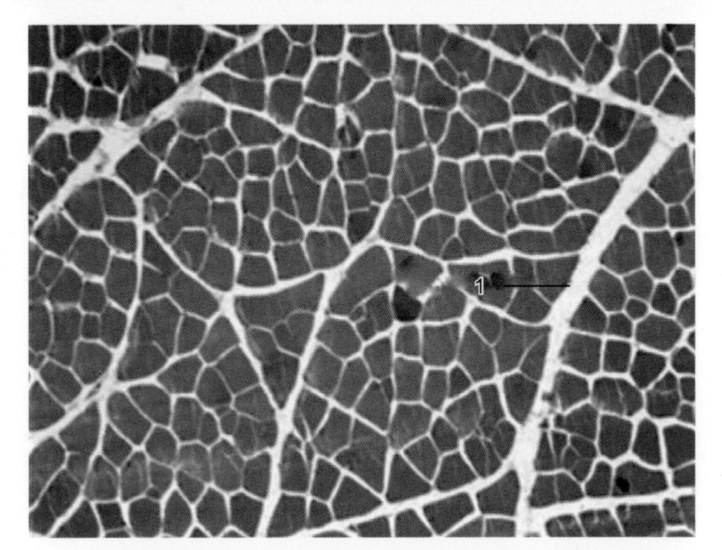

图3-4　骨骼肌横切（H.E.染色，×100）
1. 肌束膜

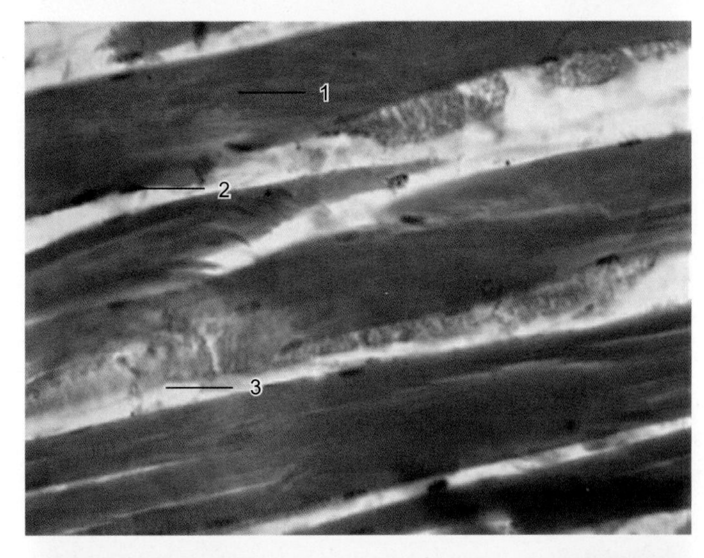

图3-5　骨骼肌纵切（H.E.染色，×400）
1.肌纤维　2.肌纤维细胞核
3.肌内膜

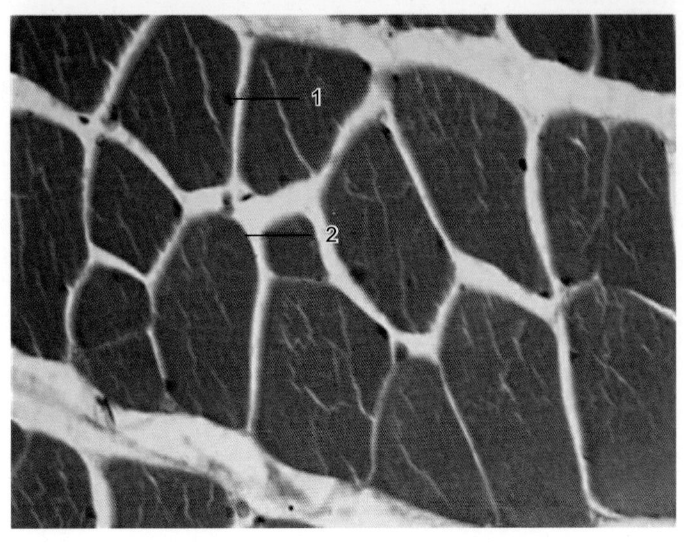

图3-6　骨骼肌横切（H.E.染色，×400）
1.肌纤维细胞核　2.肌膜

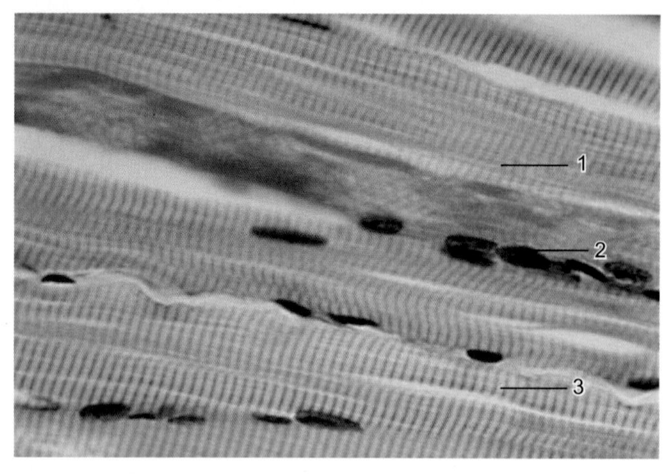

图3-7 骨骼肌示横纹（铁苏木精染色，×400）

1.暗带 2.细胞核 3.明带

二、平滑肌

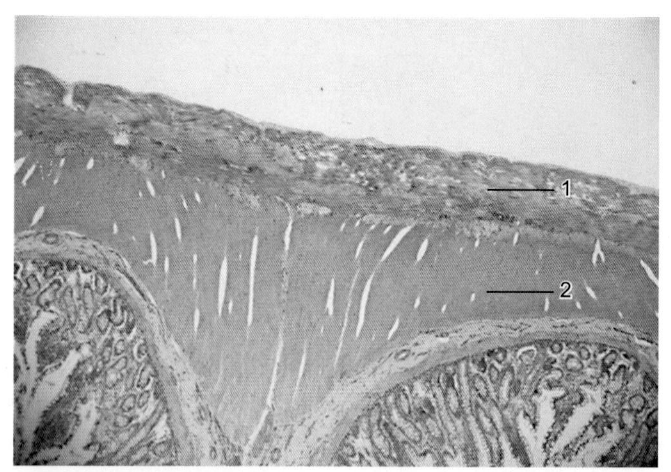

图3-8 肠壁示平滑肌（H.E.染色，×40）

1.纵切 2.横切

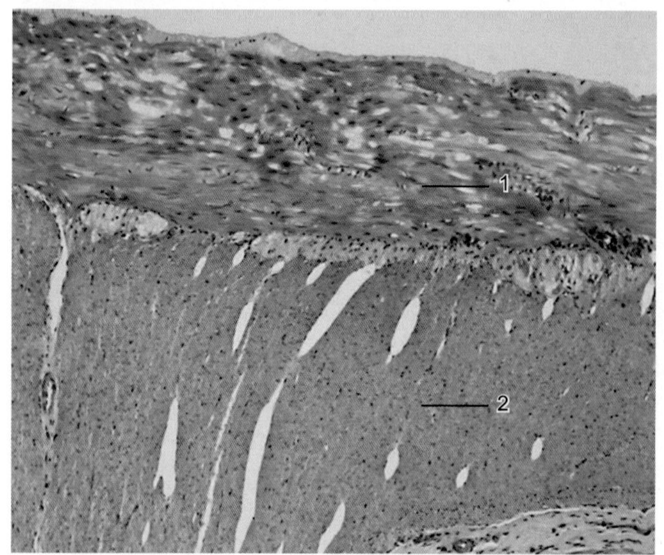

图3-9 肠壁示平滑肌（H.E.染色，×100）

1.纵切 2.横切

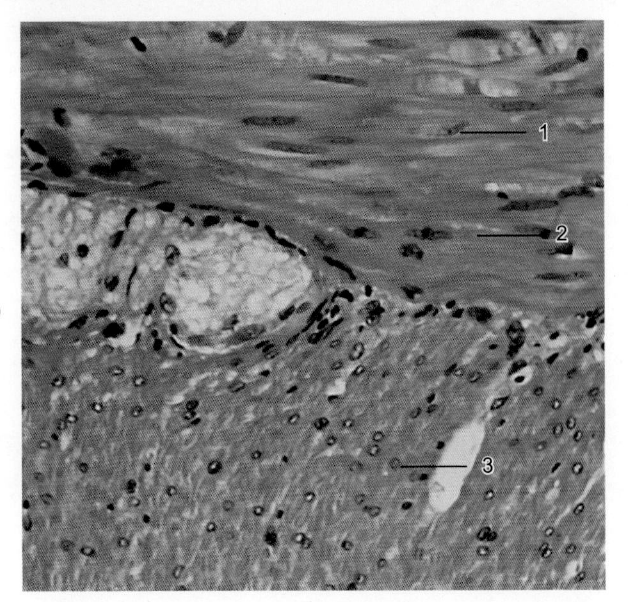

图3-10　肠壁示平滑肌（H.E.染色，×400）
1.细胞核（纵切）2.平滑肌细胞　3.细胞核（横切）

三、心肌

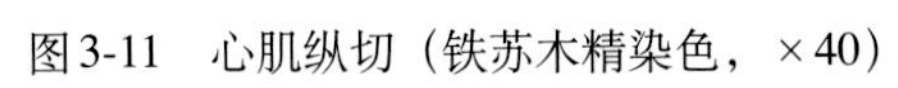

图3-11　心肌纵切（铁苏木精染色，×40）

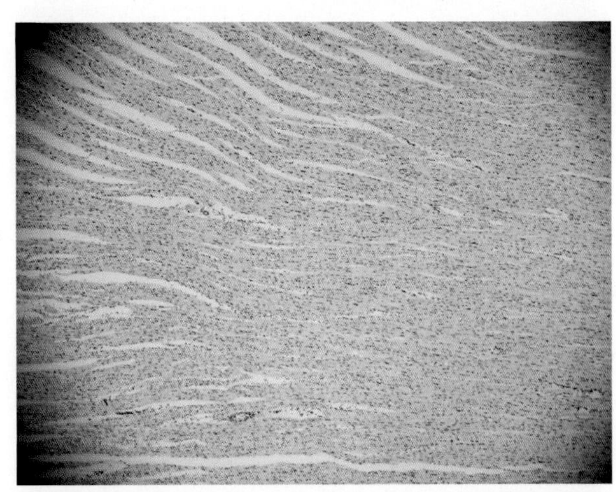

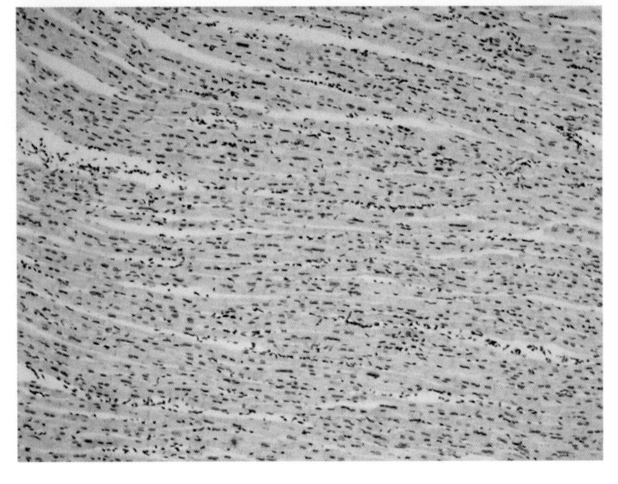

图3-12　心肌纵切（铁苏木精染色，×100）

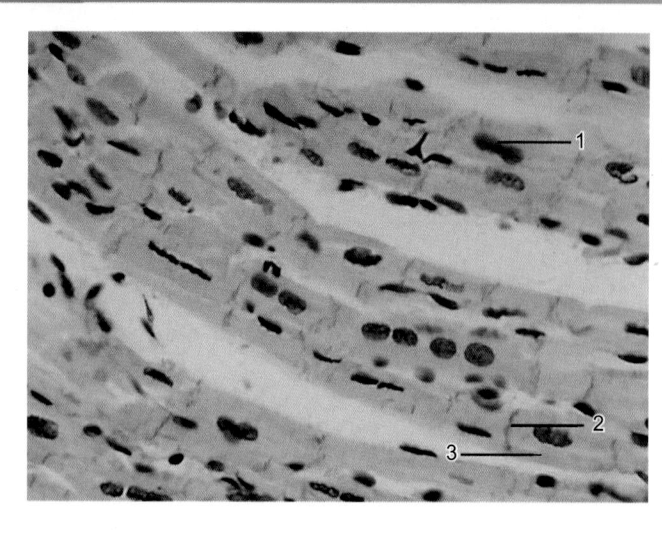

图3-13　心肌纵切（铁苏木精染色，×400）
1.细胞核　2.闰盘　3.心肌细胞

四、有髓神经纤维

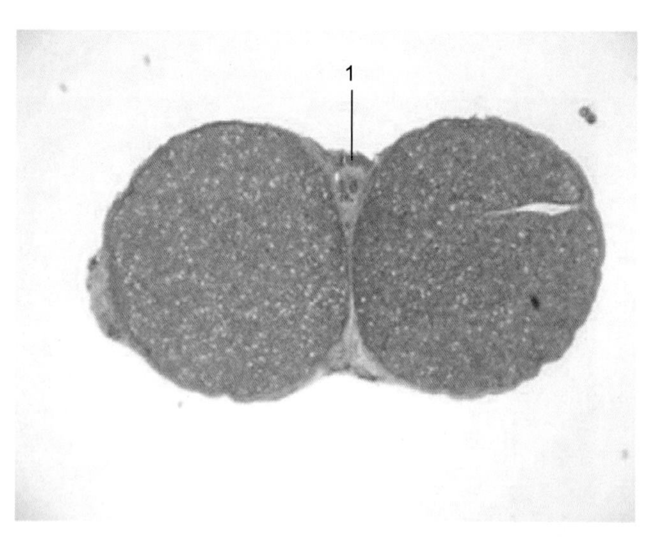

图3-14　有髓神经纤维横切（H.E.染色，×40）
1.神经外膜

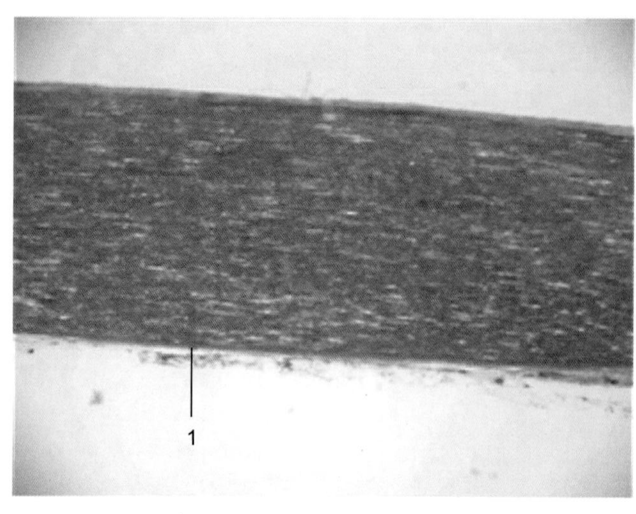

图3-15　有髓神经纤维纵切（H.E.染色，×40）
1.神经外膜

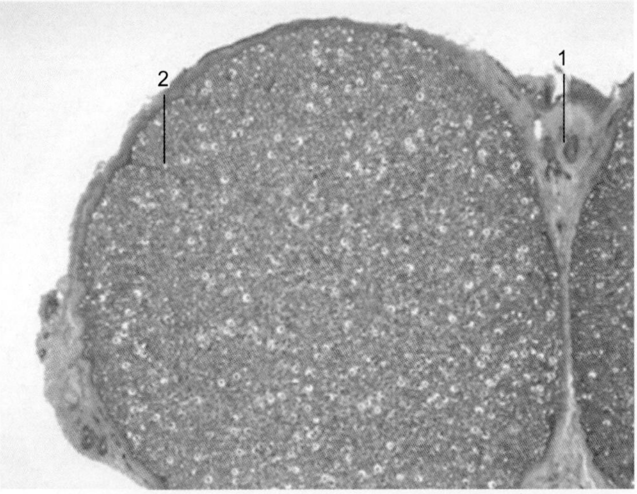

图3-16　有髓神经纤维横切（H.E.染色，×100）

1.神经外膜　2.神经束膜

图3-17　有髓神经纤维纵切（H.E.染色，×100）

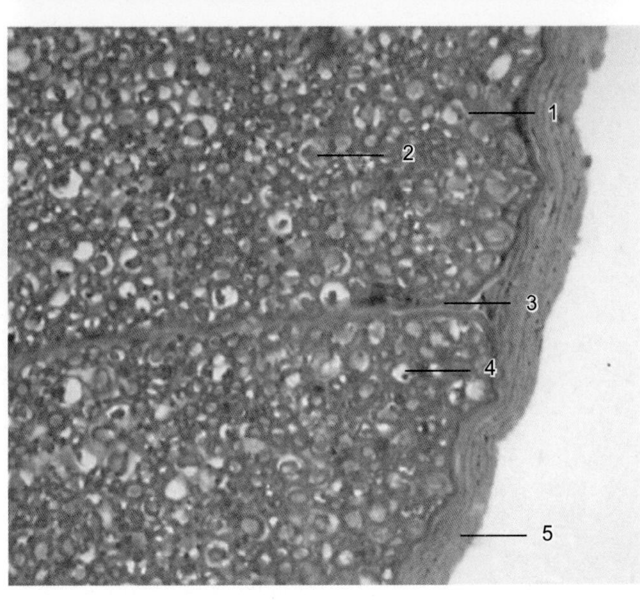

图3-18　有髓神经纤维横切（H.E.染色，×400）

1.神经内膜　2.轴索　3.神经束膜　4.髓鞘　5.神经外膜

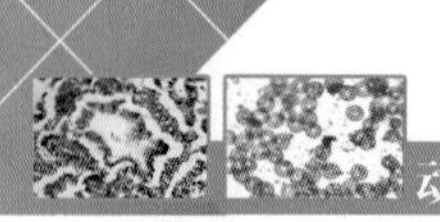

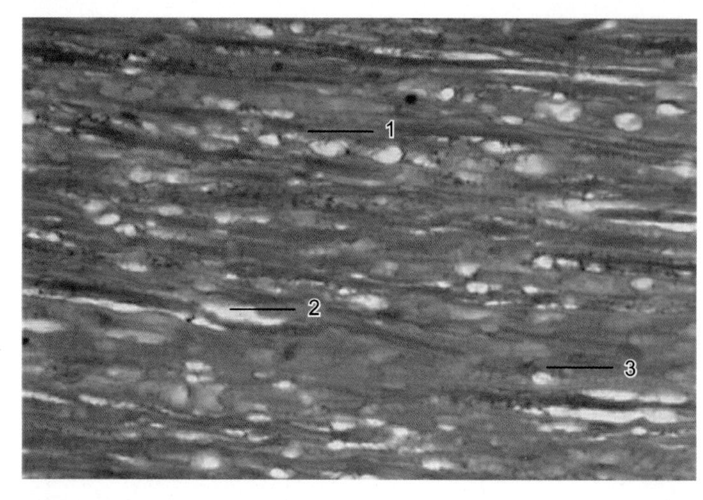

图3-19 有髓神经纤维纵切（H.E.染色，×400）
1.轴索 2.髓鞘 3.雪旺细胞

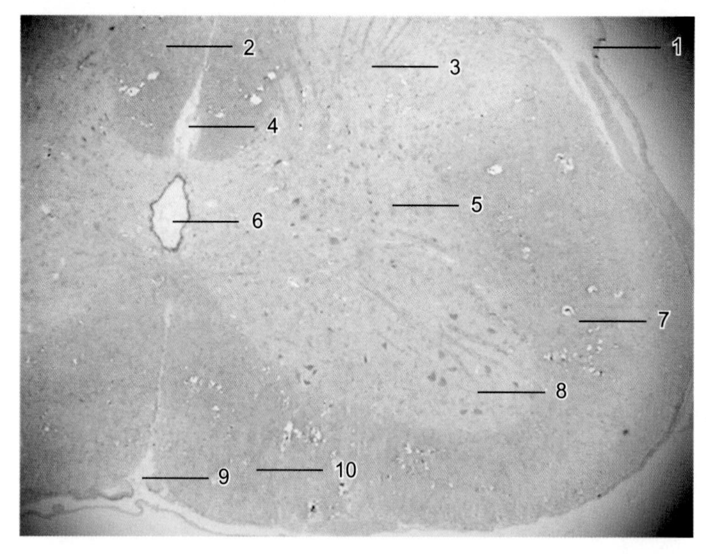

图3-20 脊髓横切（H.E.染色，×40）
1.脊软膜 2.背索 3.背角 4.背正中沟 5.侧角 6.中央管 7.侧索 8.腹角 9.腹正中裂 10.腹索

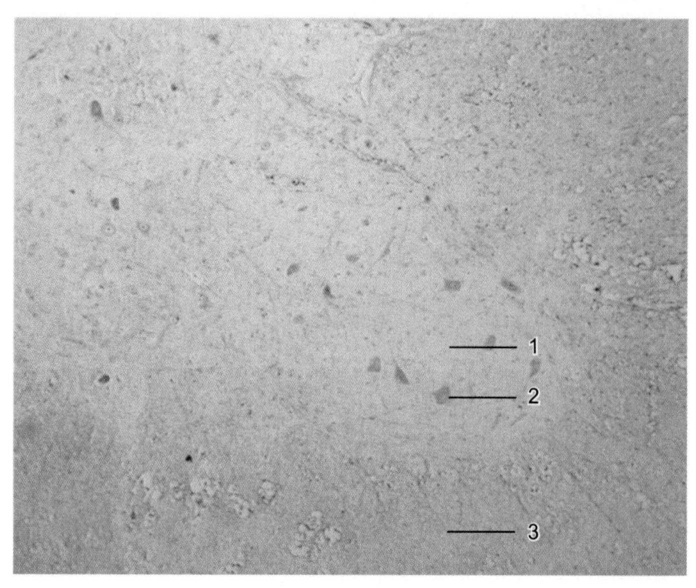

图3-21 脊髓横切（H.E.染色，×100）
1.腹角 2.运动神经元 3.腹索

图3-22 脊髓横切（H.E.染色，×400）
1.树突 2.细胞核 3.轴突 4.尼氏体

五、小脑

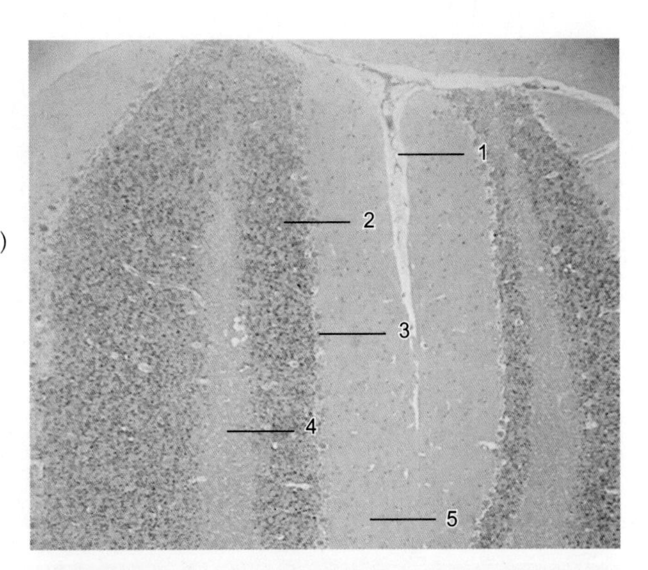

图3-23 小脑组织结构（H.E.染色，×40）
1.小脑沟 2.颗粒层 3.蒲肯野细胞层 4.髓质 5.分子层

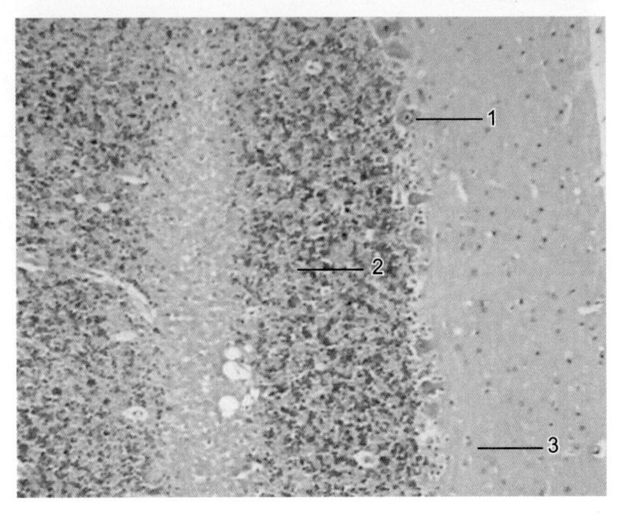

图3-24 小脑组织结构（H.E.染色，×100）
1.蒲肯野细胞层 2.颗粒层 3.分子层

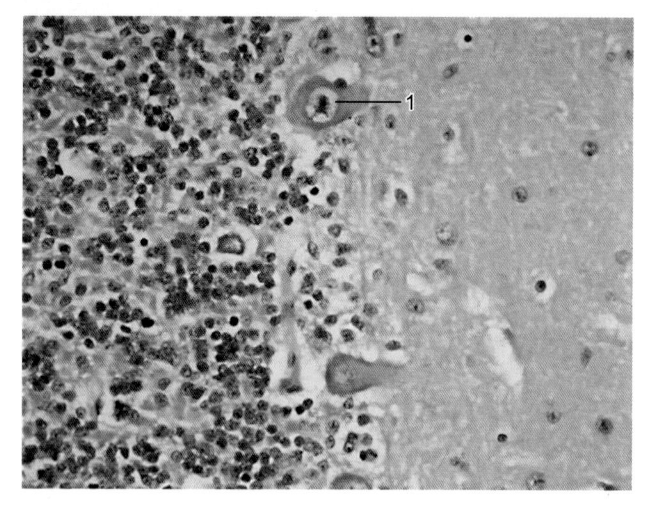

图3-25　小脑组织结构（H.E.染色，×400）
1.蒲肯野细胞

六、大脑

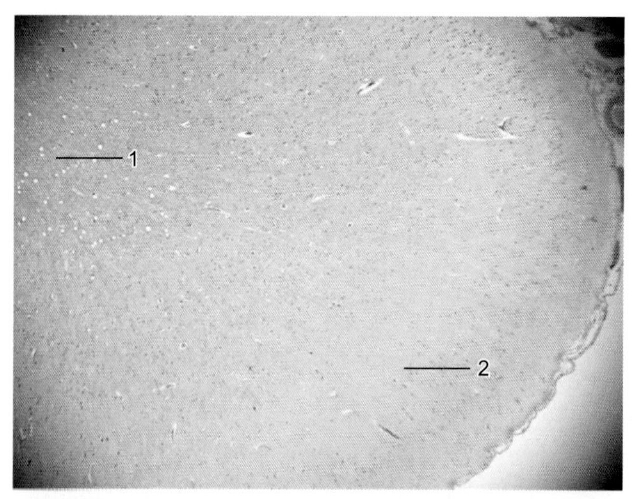

图3-26　大脑组织结构（H.E.染色，×40）
1.髓质　2.皮质

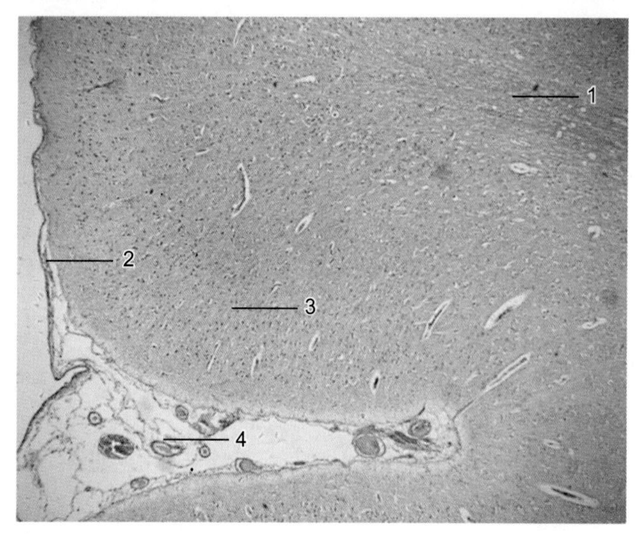

图3-27　大脑组织结构（H.E.染色，×100）
1.髓质　2.软膜　3.皮质　4.脉络丛

第四章　被皮系统、循环系统、免疫系统

一、有毛皮肤

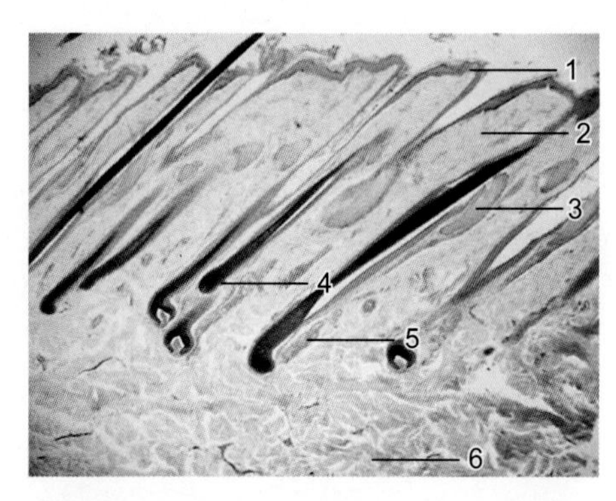

图4-1　有毛皮肤组织结构（H.E.染色，×40）
1.表皮　2.真皮　3.皮脂腺　4.毛
5.汗腺　6.皮下组织

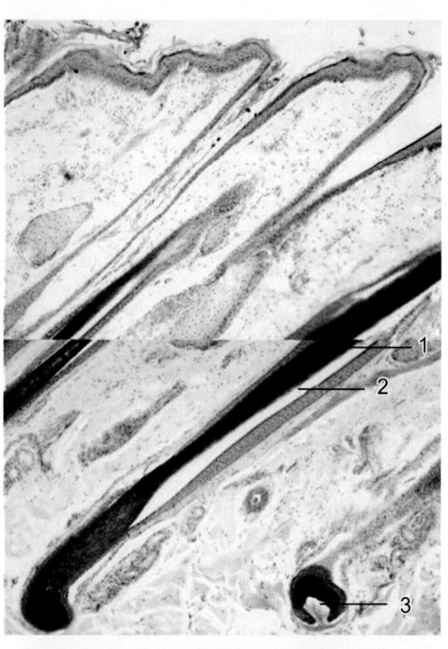

图4-2　有毛皮肤组织结构（H.E.染色，×100）
1.毛干　2.毛囊　3.毛乳头

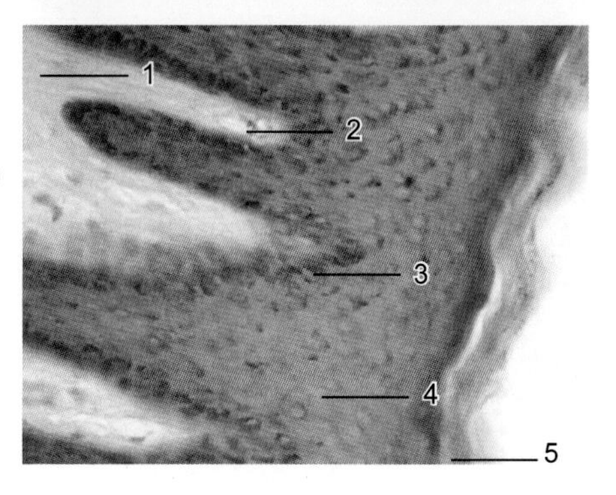

图4-3　有毛皮肤组织结构（H.E.染色，×400）
1.网状层　2.乳头层　3.基底层
4.中间层　5.表层

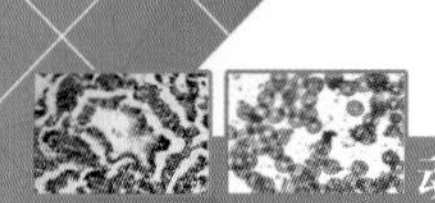

二、乳腺

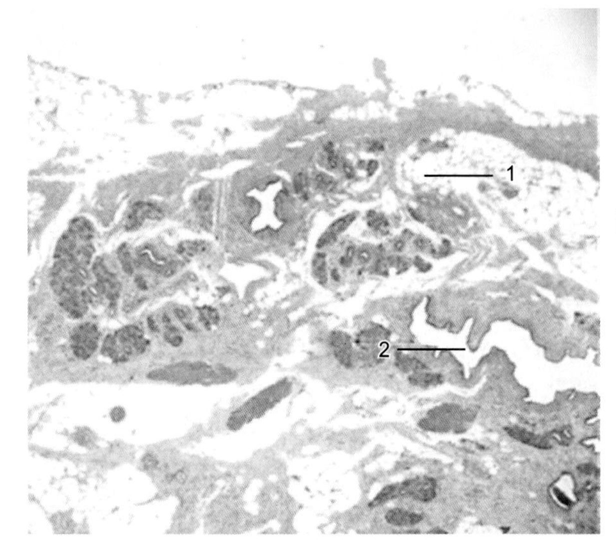

图4-4　静止期乳腺组织结构（H.E.染色，×40）
1.间质　2.导管

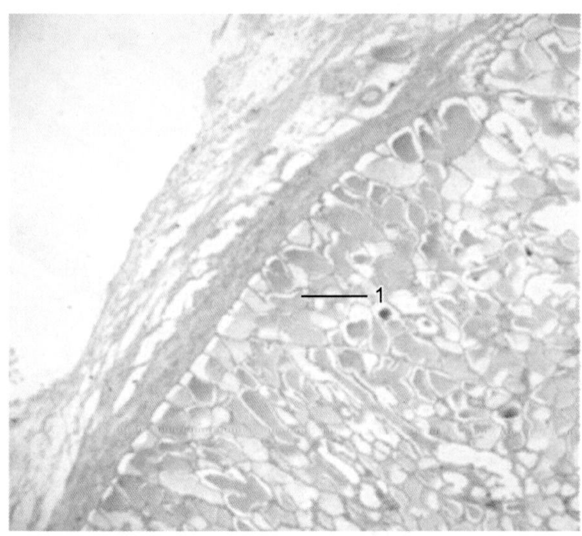

图4-5　泌乳期乳腺组织结构（H.E.染色，×40）
1.腺小叶

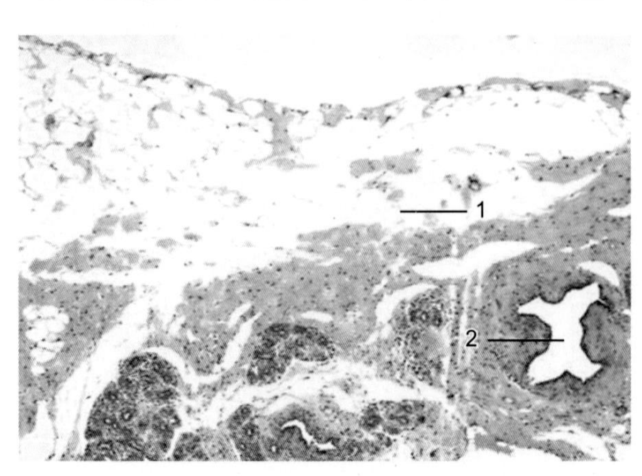

图4-6　静止期乳腺组织结构（H.E.染色，×100）
1.间质　2.导管

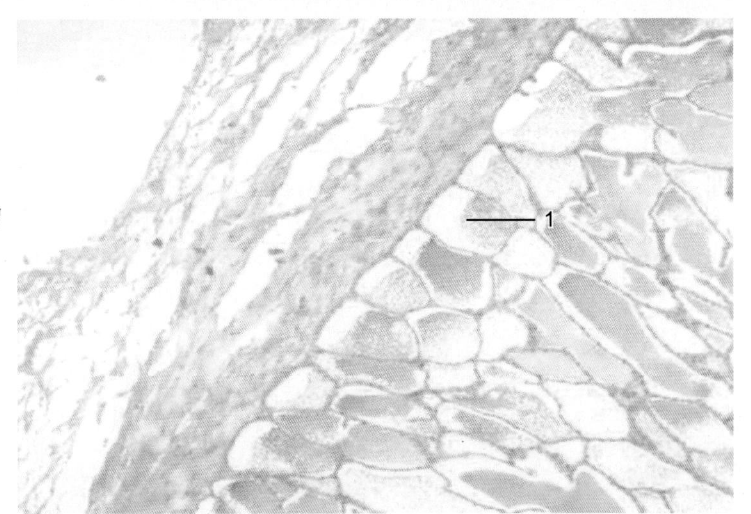

图4-7　泌乳期乳腺组织结构（H.E.染色，×100）

1.腺泡

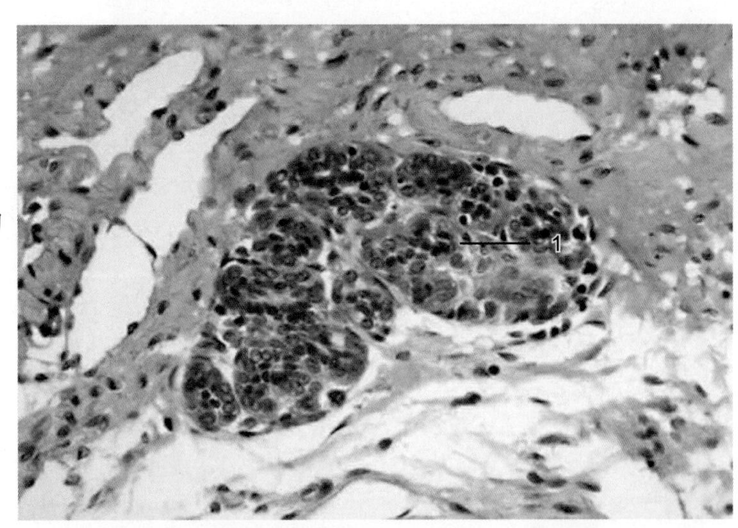

图4-8　静止期乳腺组织结构（H.E.染色，×400）

1.腺泡

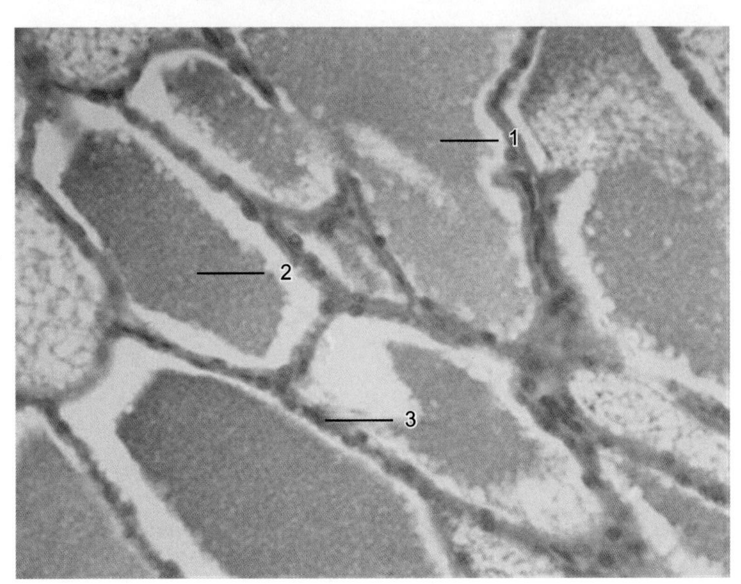

图4-9　泌乳期乳腺组织结构（H.E.染色，×400）

1.腺泡　2.乳汁　3.腺泡上皮

三、中动脉

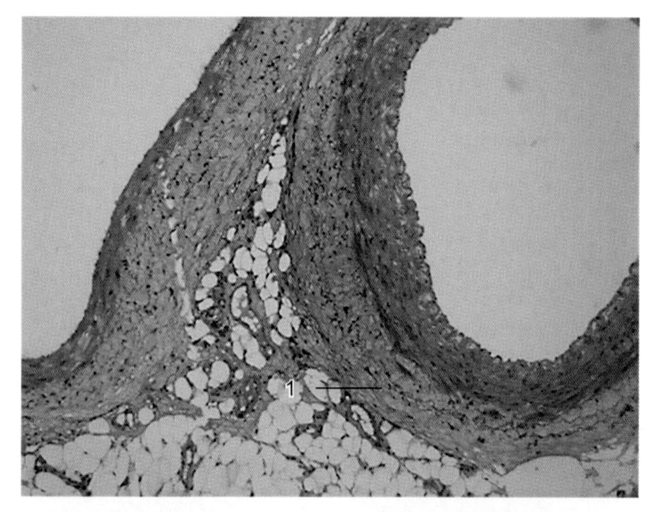

图4-10　中动脉组织结构（H.E.染色，×100）
1.中动脉

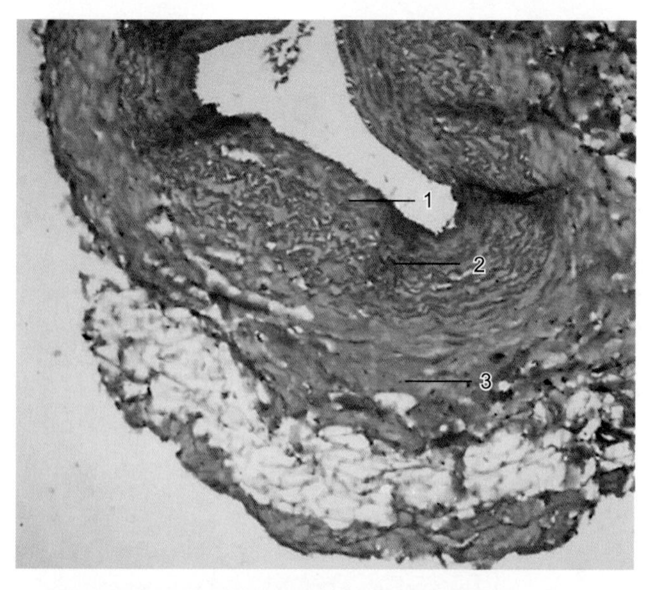

图4-11　中动脉组织结构（H.E.染色，×100）
1.内膜　2.中膜　3.外膜

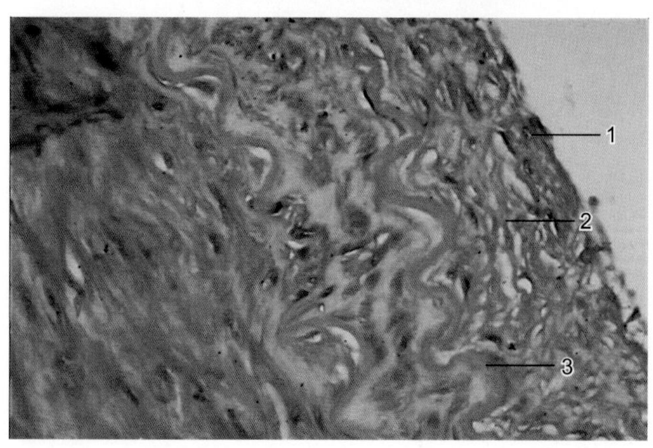

图4-12　中动脉组织结构（H.E.染色，×400）
1.内皮　2.内皮下层　3.内弹性膜

四、心壁

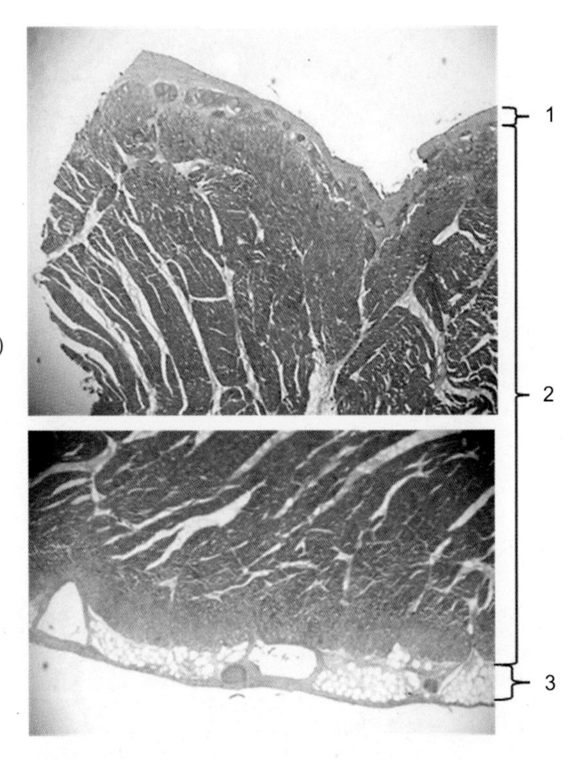

图4-13　心壁（H.E.染色，×40）
1.心内膜　2.心肌膜　3.心外膜

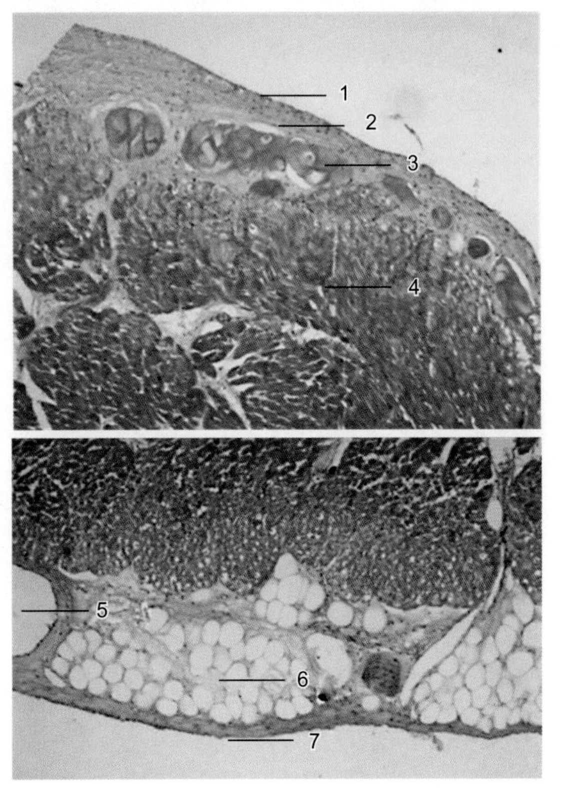

图4-14　心壁（H.E.染色，×100）
1.心内皮　2.心内膜下层　3.蒲肯野纤维　4.心肌膜
5.脂肪组织　6.血管　7.间皮

五、胸腺

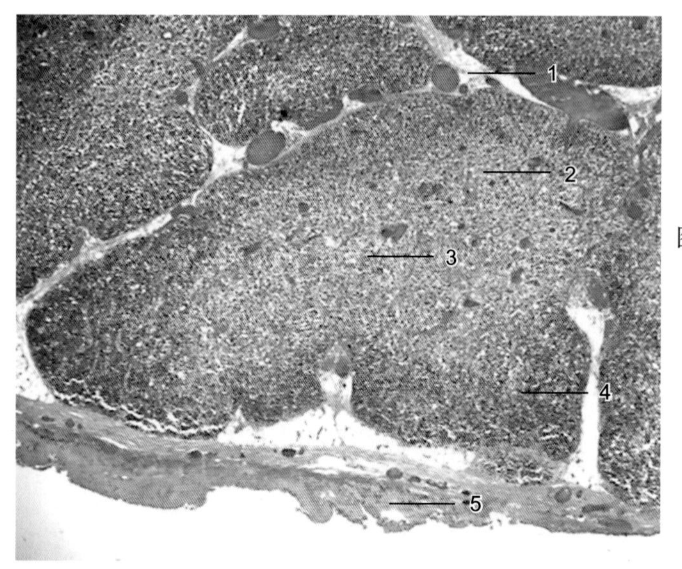

图4-15　胸腺（H.E.染色，×40）
1.小叶间隔　2.胸腺小叶　3.髓质
4.皮质　5.被膜

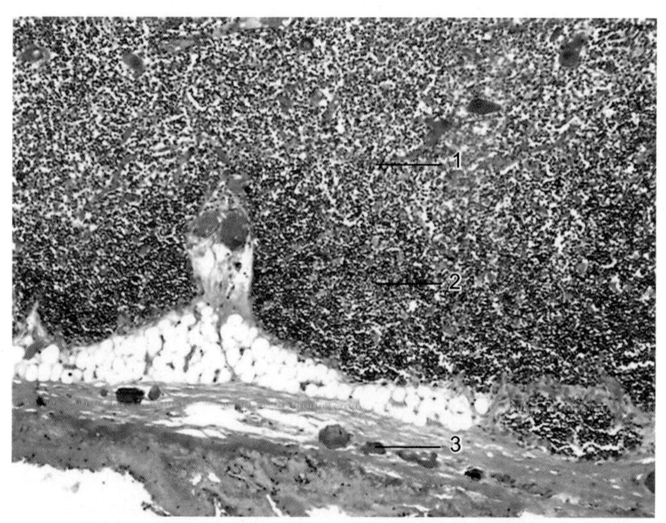

图4-16　胸腺（H.E.染色，×100）
1.髓质　2.皮质　3.被膜

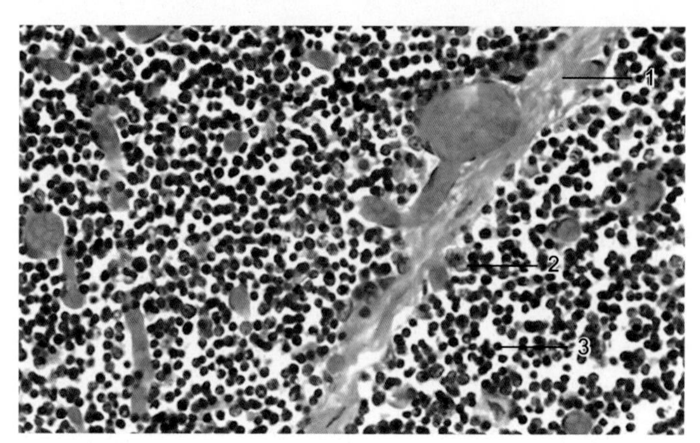

图4-17　胸腺（H.E.染色，×400）
1.小叶间隔　2.皮质上皮细胞　3.胸腺细胞

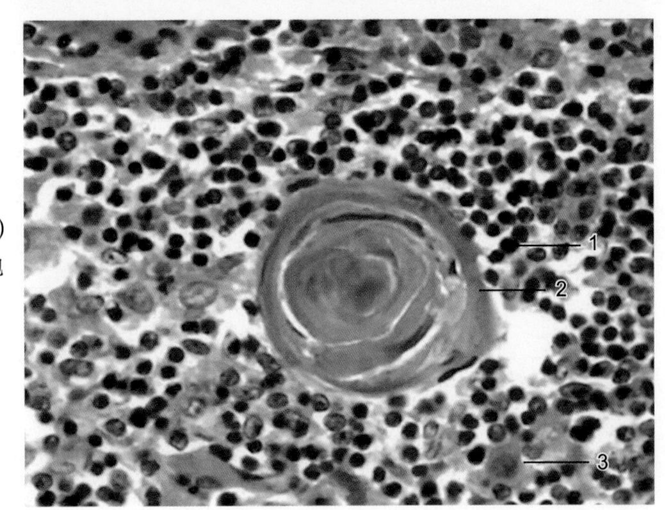

图4-18　胸腺髓质（H.E.染色，×400）
1.胸腺细胞　2.胸腺小体　3.髓质上皮细胞

六、淋巴结

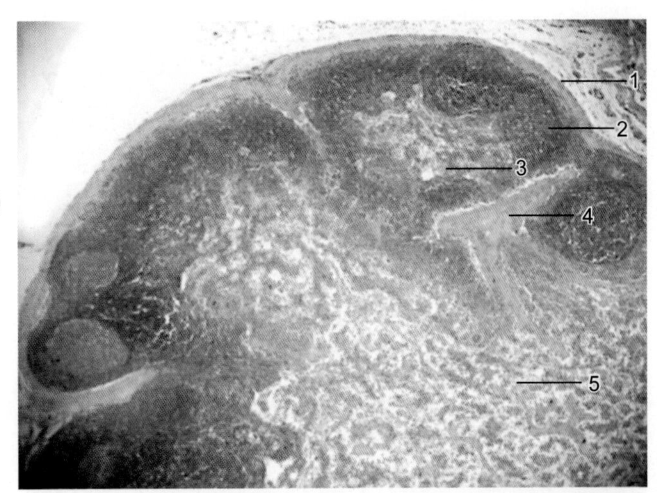

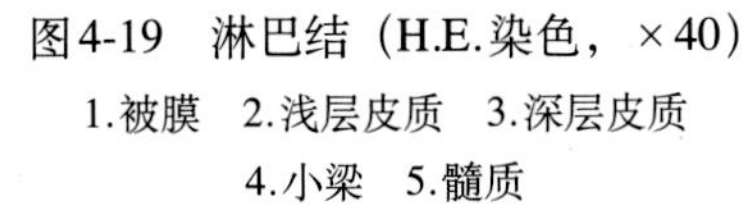

图4-19　淋巴结（H.E.染色，×40）
1.被膜　2.浅层皮质　3.深层皮质
4.小梁　5.髓质

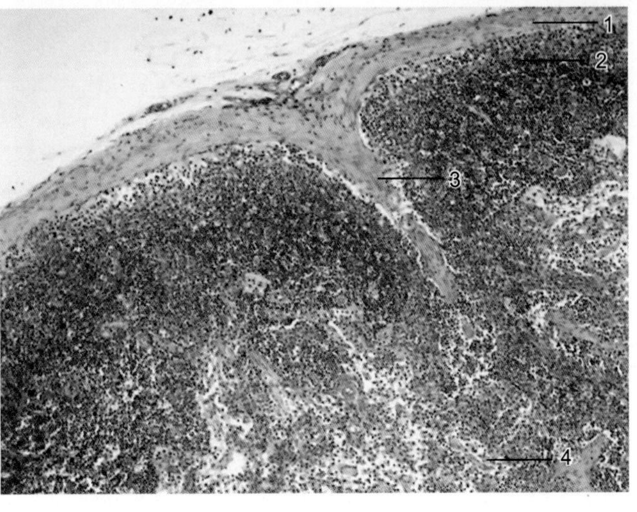

图4-20　淋巴结（H.E.染色，×100）
1.被膜　2.浅层皮质　3.小梁　4.髓质

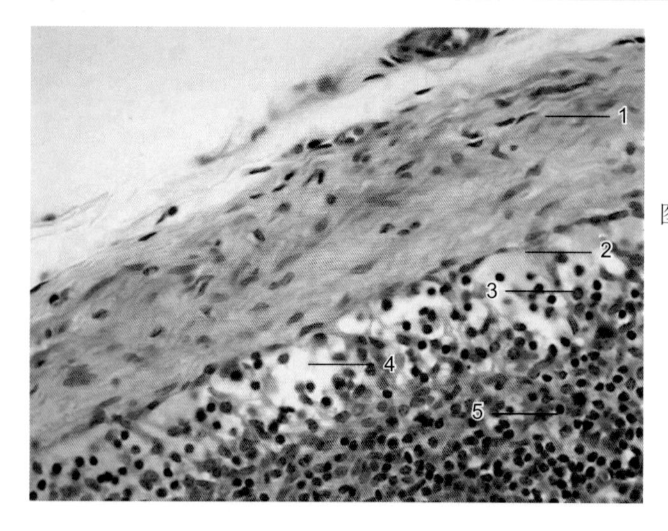

图4-21　淋巴结（H.E.染色，×400）
1.被膜　2.上皮细胞　3.巨噬细胞　4.被膜下窦　5.淋巴细胞

七、脾

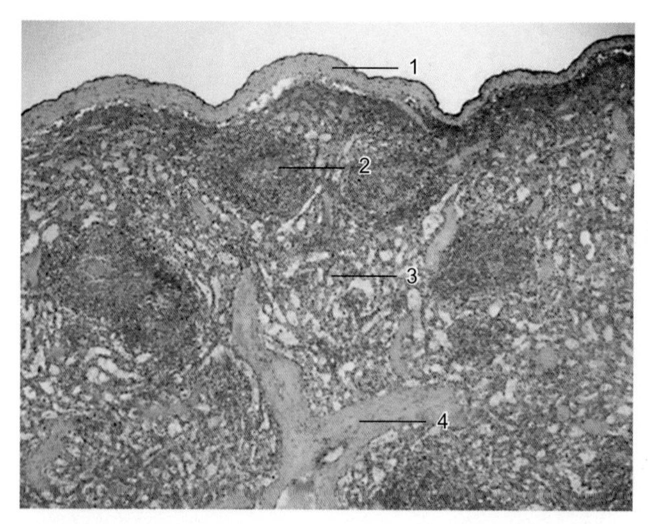

图4-22　脾（H.E.染色，×40）
1.被膜　2.白髓　3.红髓　4.小梁

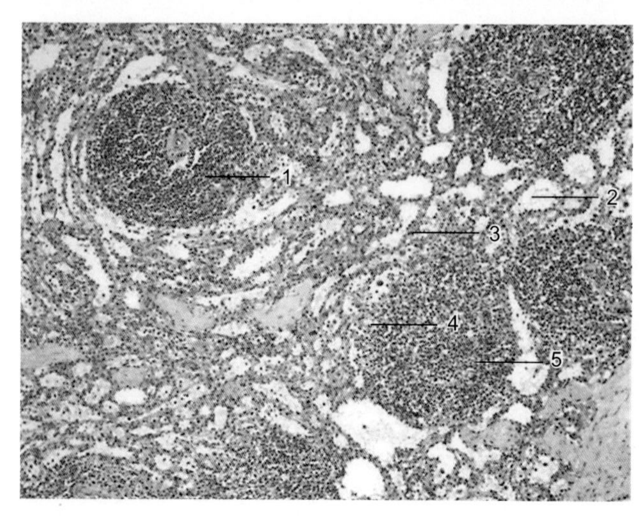

图4-23　脾（H.E.染色，×400）
1.动脉周围淋巴鞘　2.髓窦　3.髓索　4.边缘区　5.脾小体

第五章 内分泌系统、消化系统

一、脑垂体

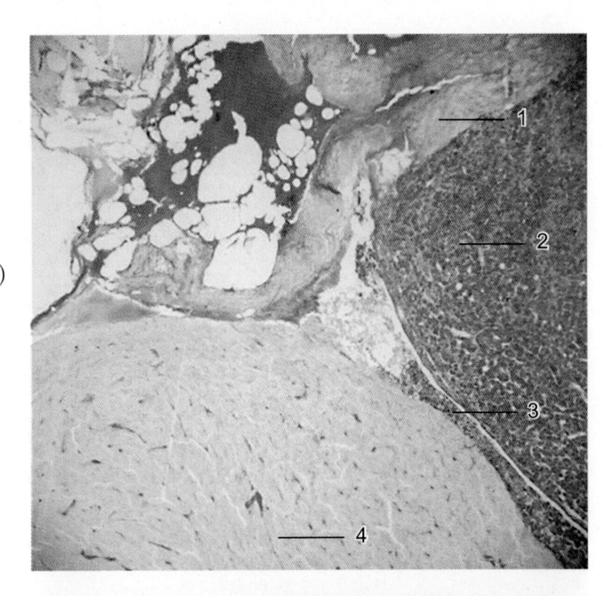

图5-1 脑垂体纵切（H.E.染色，×40）
1.被膜 2.远侧部 3.中间部 4.神经部

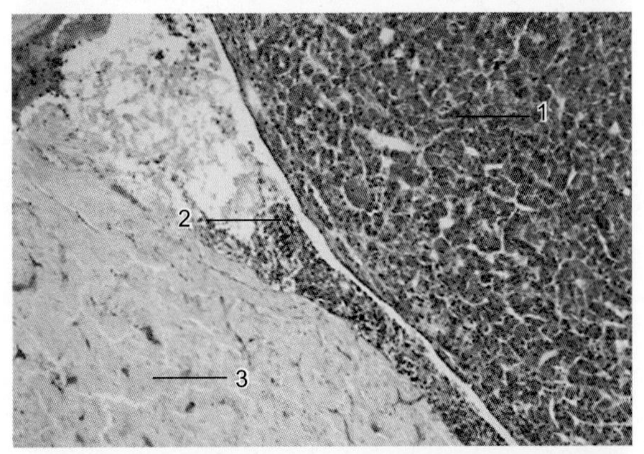

图5-2 脑垂体纵切（H.E.染色，×100）
1.远侧部 2.中间部 3.神经部

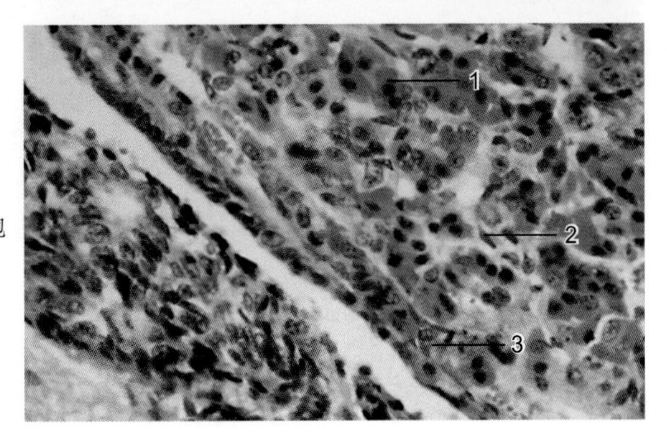

图5-3 脑垂体纵切（H.E.染色，×400）
1.嗜酸性粒细胞 2.嫌色细胞 3.嗜碱性粒细胞

二、肾上腺

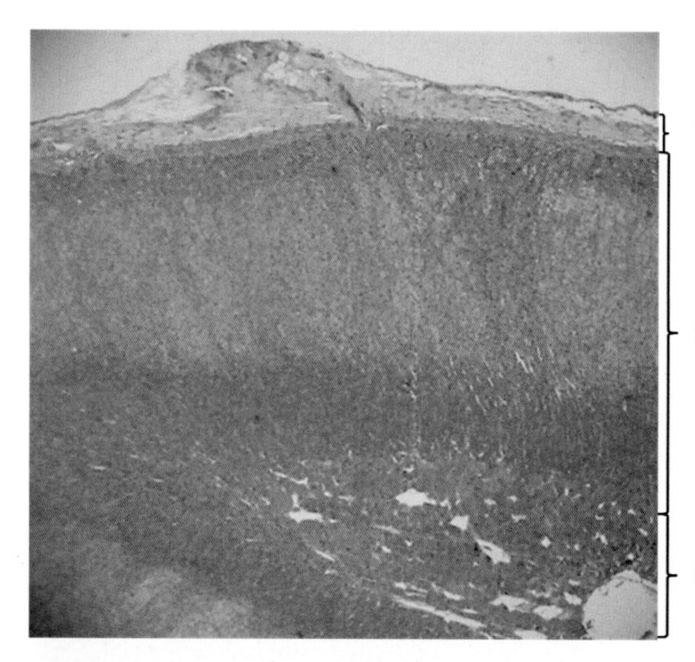

图5-4　肾上腺（H.E.染色，×40）
1.被膜　2.皮质　3.髓质

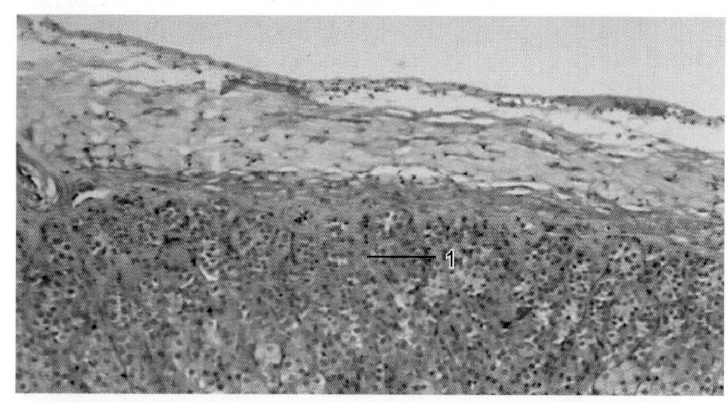

图5-5　肾上腺（H.E.染色，×100）
1.多形带

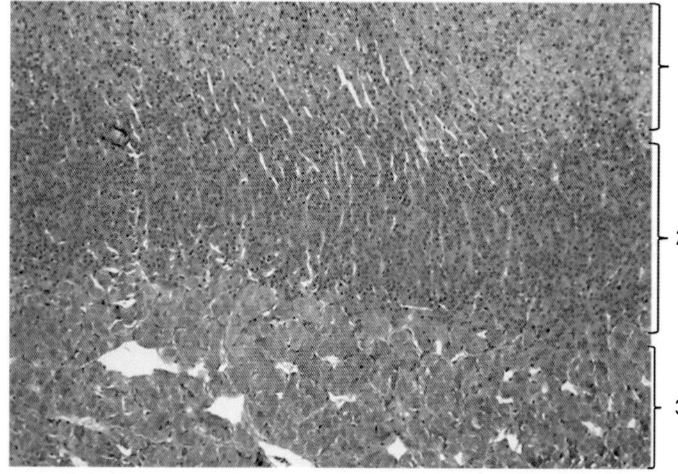

图5-6　肾上腺（H.E.染色，×400）
1.多形带　2.束状带　3.网状带

三、甲状腺

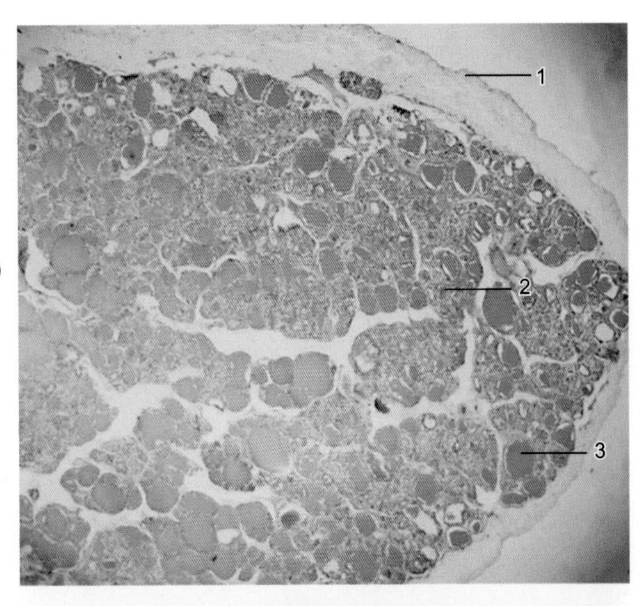

图5-7　甲状腺（H.E.染色，×40）
1.被膜　2.实质　3.滤泡

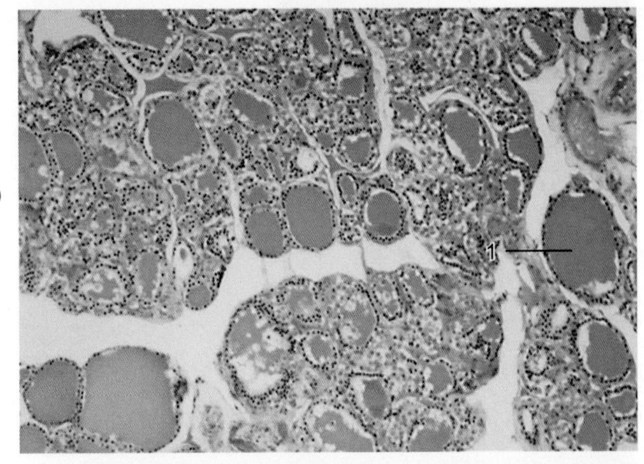

图5-8　甲状腺（H.E.染色，×100）
1.滤泡

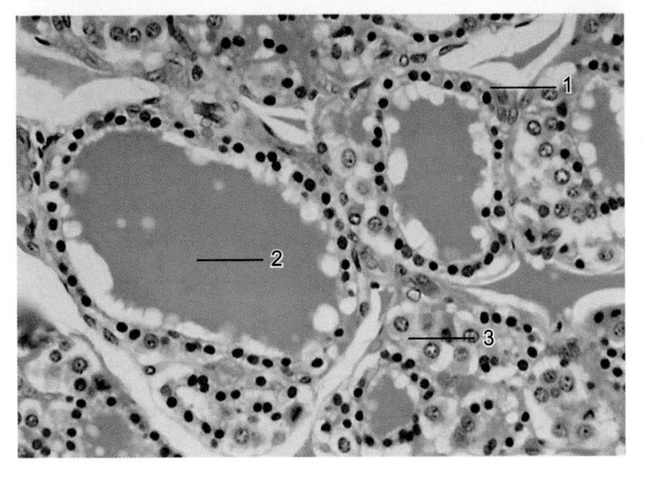

图5-9　甲状腺（H.E.染色，×400）
1.滤泡　2.甲状腺球蛋白　3.滤泡旁细胞

四、食管

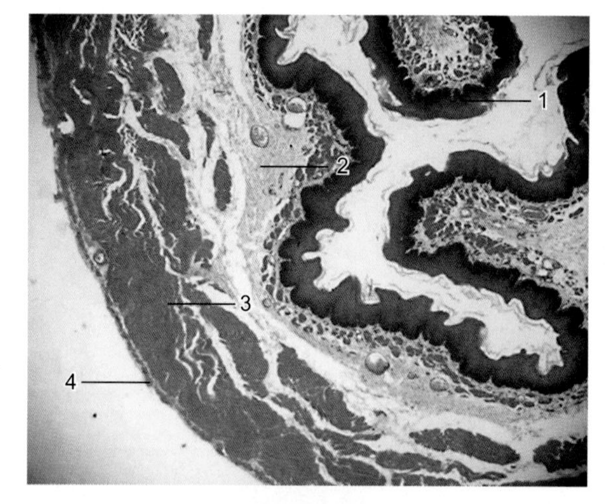

图5-10 食管（H.E.染色，×40）
1.黏膜层 2.黏膜下层 3.肌层 4.外膜

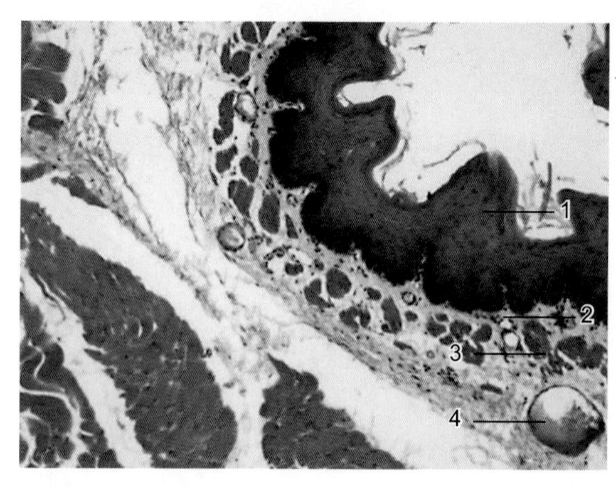

图5-11 食管（H.E.染色，×100）
1.上皮 2.固有层 3.肌层 4.食管腺

五、胃

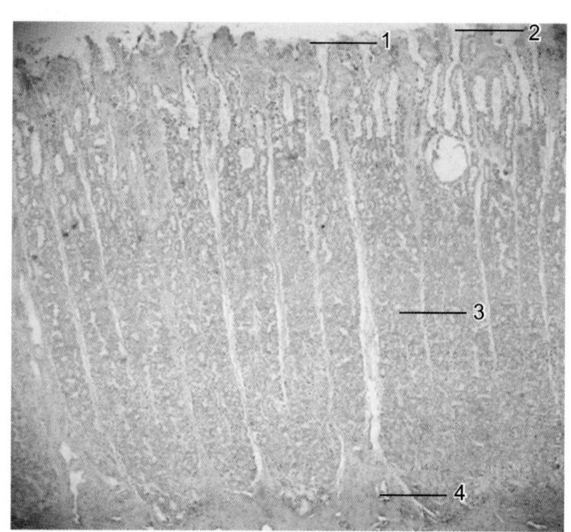

图5-12 胃黏膜层组织结构（H.E.染色，×40）
1.上皮 2.胃小凹 3.胃底腺（固有层）
4.黏膜肌层

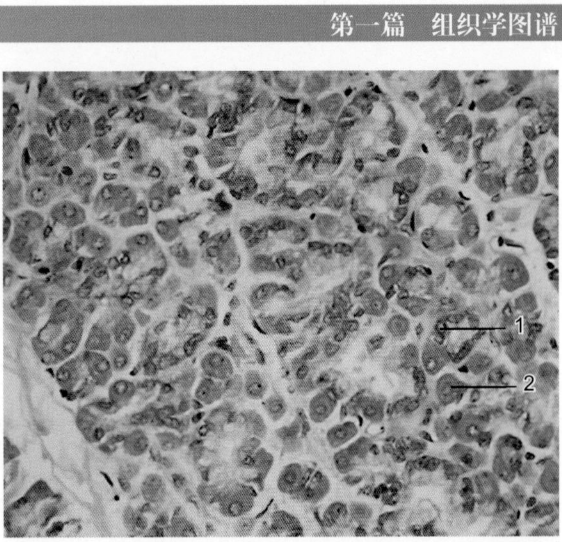

图5-13　胃底腺组织结构（H.E.染色，×400）
1.主细胞　2.壁细胞

六、十二指肠

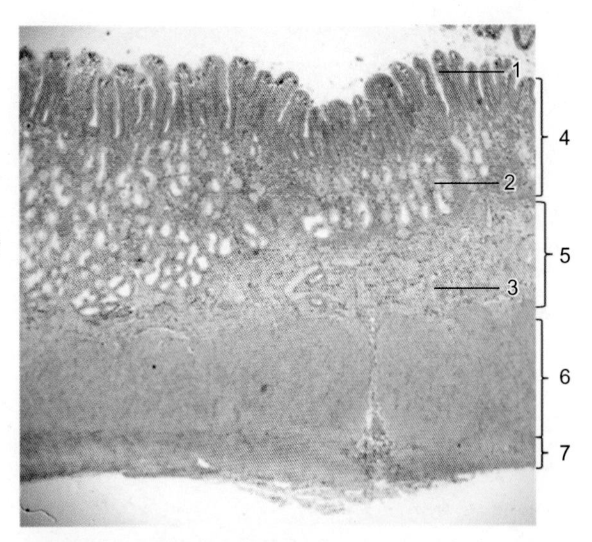

图5-14　十二指肠组织结构（H.E.染色，×40）
1.肠绒毛　2.肠腺　3.十二指肠腺　4.黏膜层
5.黏膜下层　6.肌层　7.浆膜

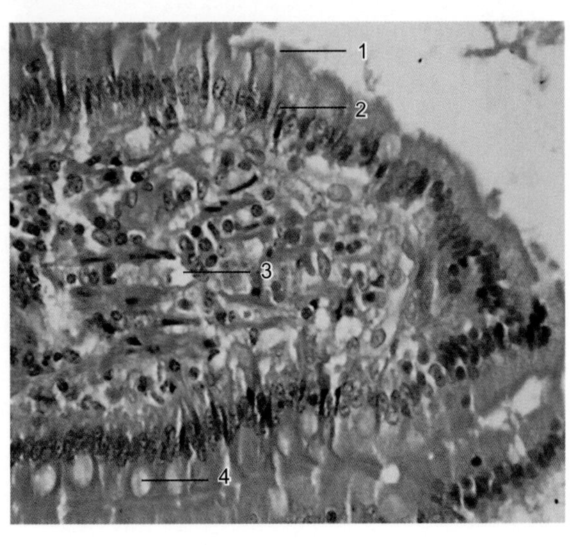

图5-15　十二指肠组织结构图（H.E.染色，×400）
1.纹状缘　2.吸收细胞　3.中央乳糜管
4.杯状细胞

七、肝

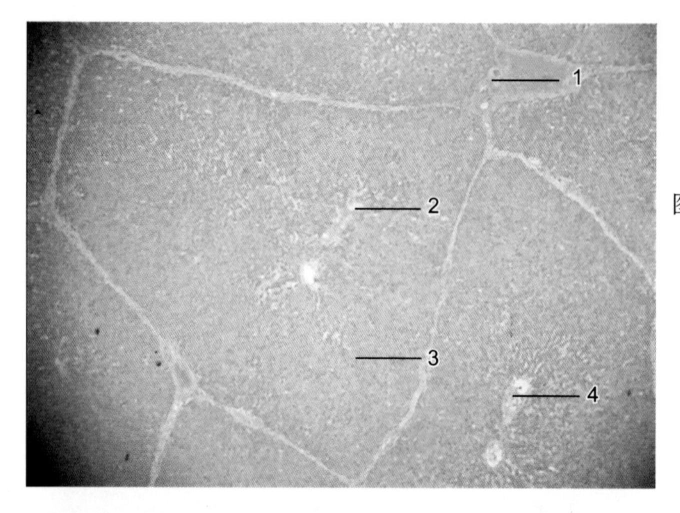

图5-16　肝组织结构（H.E.染色，×40）

1.门管区　2.中央静脉　3.肝小叶
4.中央静脉

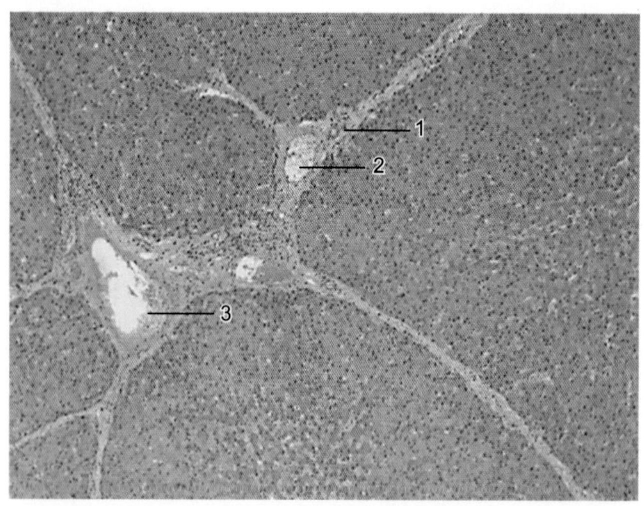

图5-17　肝组织结构（H.E.染色，×100）

1.小叶间胆管　2.小叶间动脉　3.小叶间静脉

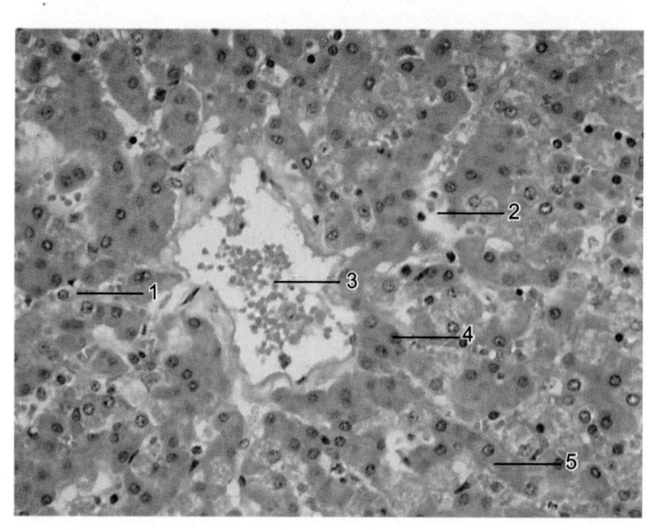

图5-18　肝组织结构（H.E.染色，×400）

1.枯否细胞　2.肝血窦　3.中央静脉
4.肝细胞　5.肝索

八、胰

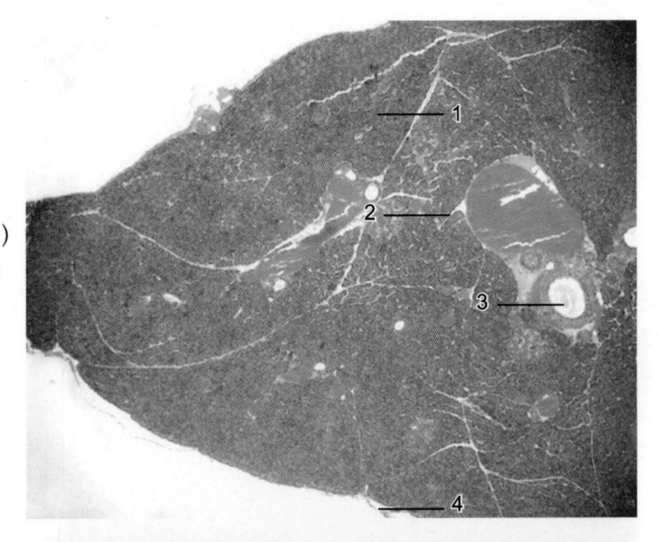

图5-19　胰组织结构（H.E.染色，×40）
1.外分泌部　2.内分泌部　3.血管　4.被膜

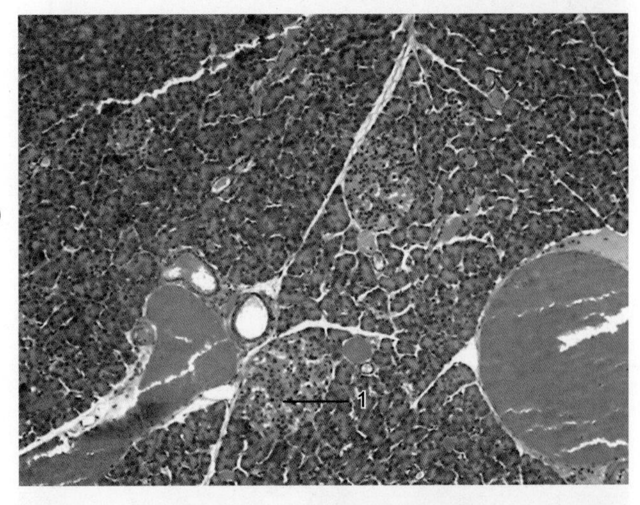

图5-20　胰组织结构（H.E.染色，×100）
1.胰岛

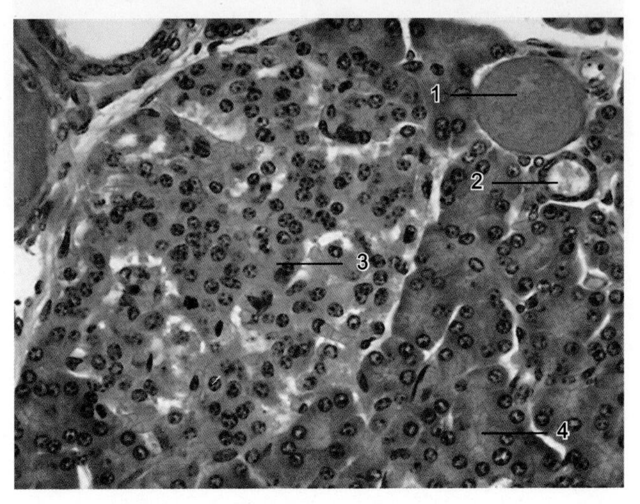

图5-21　胰组织结构（H.E.染色，×400）
1.血管　2.导管　3.胰岛　4.腺泡

第六章　呼吸系统、泌尿系统、生殖系统

一、气管

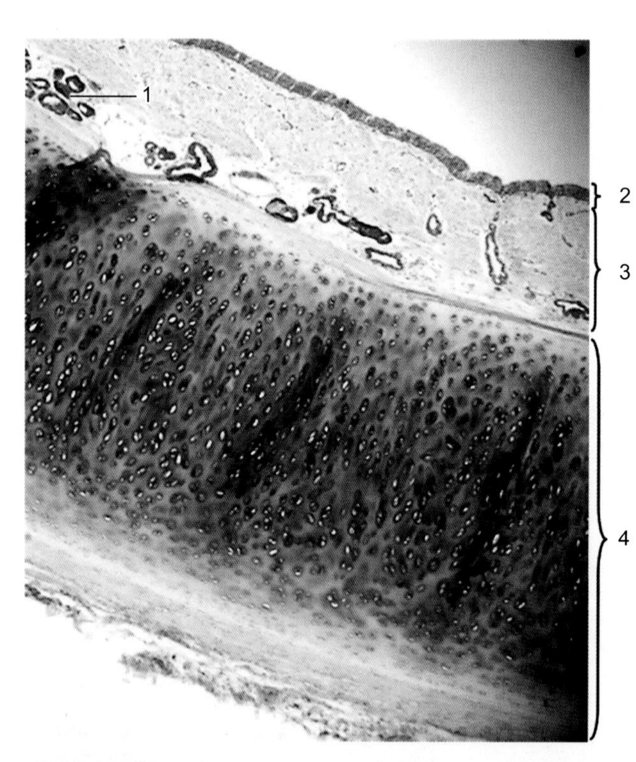

图6-1　气管组织结构（H.E.染色，×40）
1.气管腺　2.黏膜　3.黏膜下层
4.外膜（透明软骨）

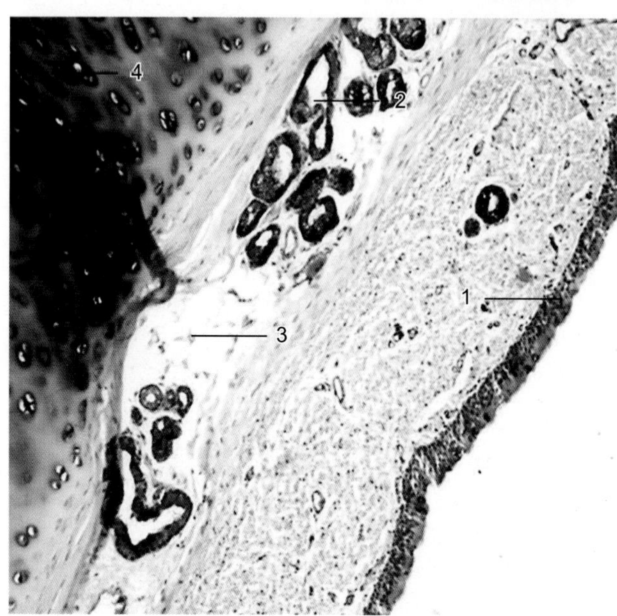

图6-2　气管组织结构（H.E.染色，×100）
1.上皮　2.气管腺　3.黏膜下层
4.外膜（透明软骨）

二、肺

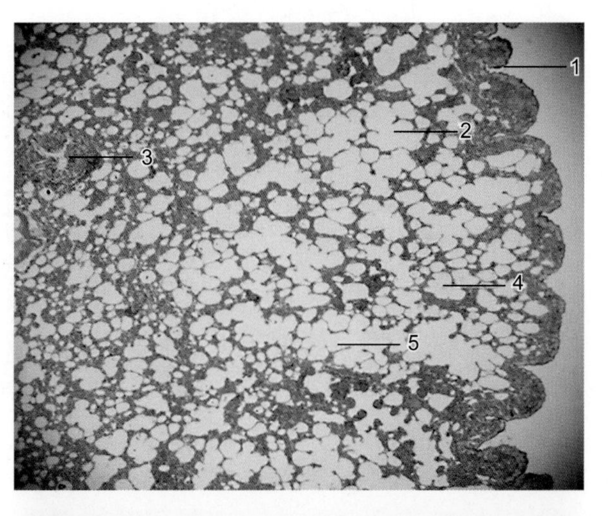

图6-3 肺组织结构（H.E.染色，×40）
1.被膜 2.肺泡囊 3.支气管
4.肺泡 5.肺泡管

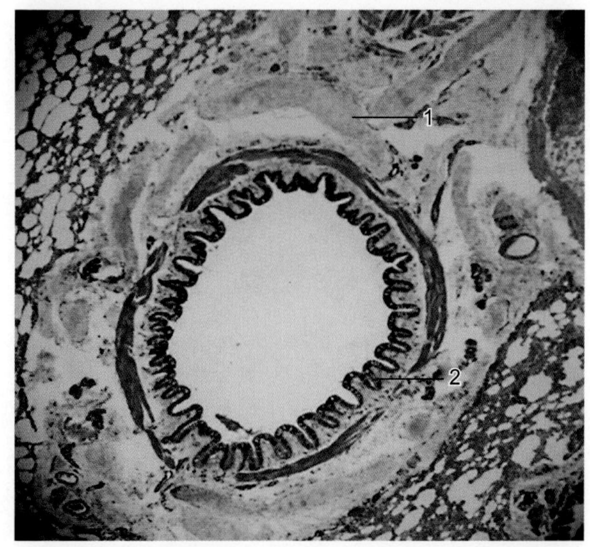

图6-4 肺组织结构（H.E.染色，×400）
1.软骨 2.细支气管

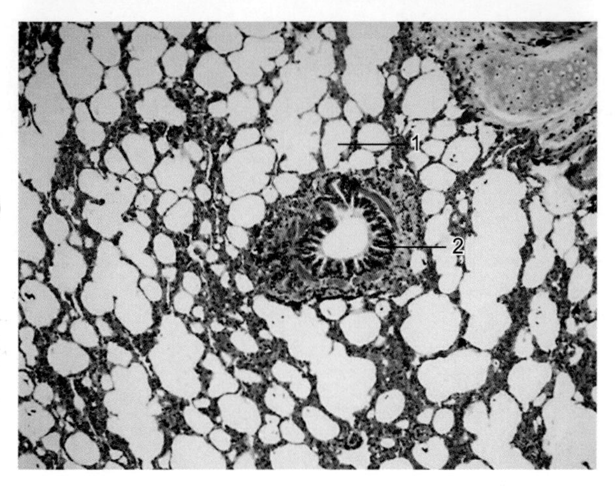

图6-5 肺组织结构（H.E.染色，×100）
1.肺泡 2.细支气管

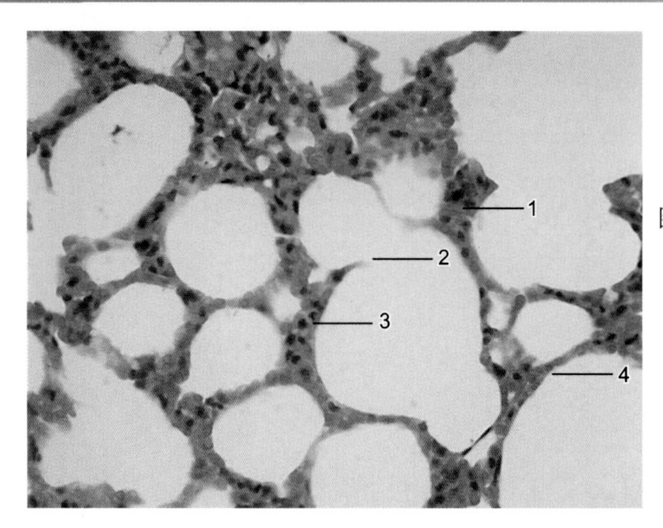

图6-6　肺组织结构（H.E.染色，×400）
1.肺泡隔　2.肺泡孔　3.Ⅱ型肺泡细胞
4.Ⅰ型肺泡细胞

三、肾

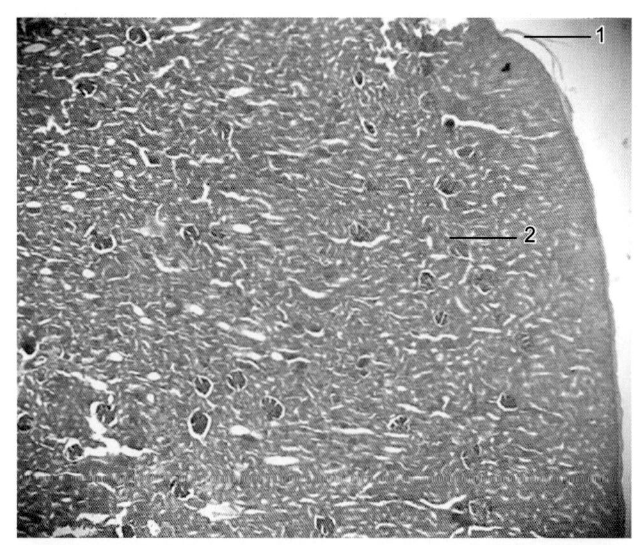

图6-7　肾皮质组织结构（H.E.染色，×40）
1.被膜　2.皮质

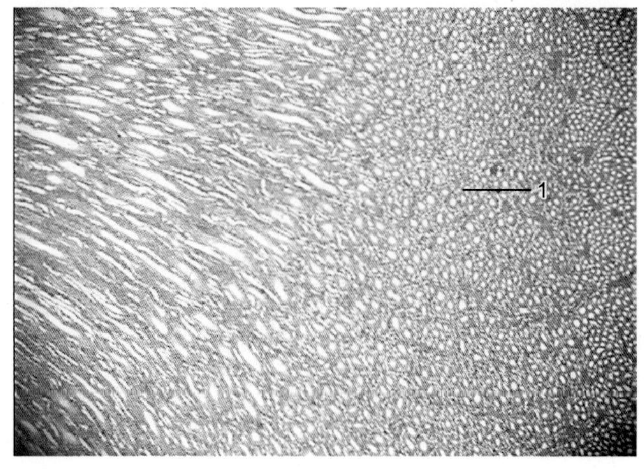

图6-8　肾髓质组织结构（H.E.染色，×40）
1.髓质

图6-9　肾皮质组织结构（H.E.染色，×100）

1.肾单位

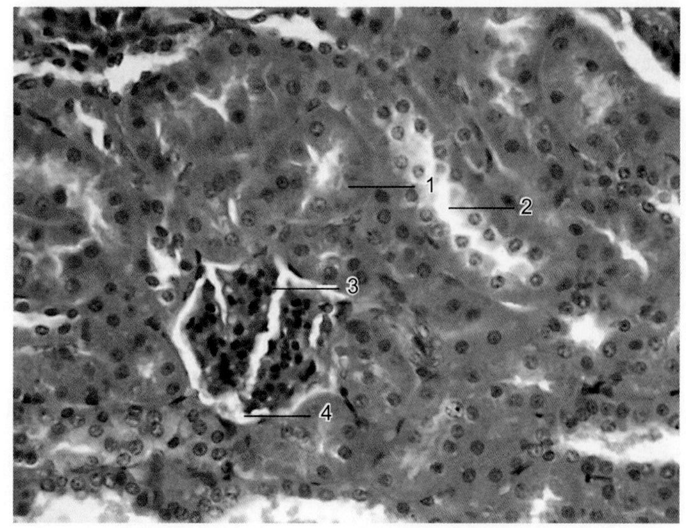

图6-10　肾皮质组织结构（H.E.染色，×400）

1.近曲小管　2.远端小管　3.血管球　4.肾小囊

四、睾丸

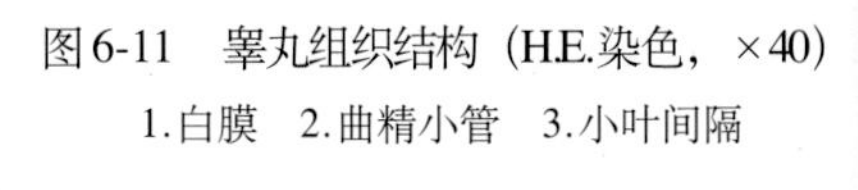

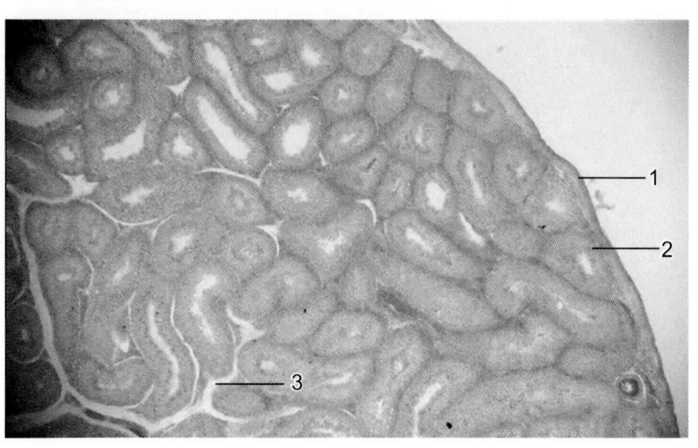

图6-11　睾丸组织结构（H.E.染色，×40）

1.白膜　2.曲精小管　3.小叶间隔

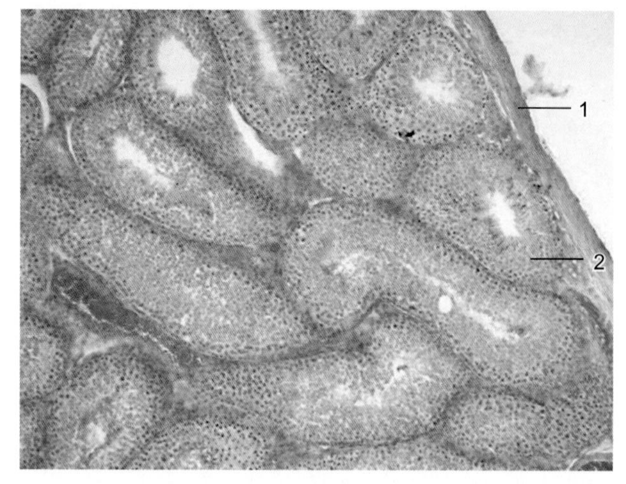

图6-12　睾丸组织结构（H.E.染色，×100）
1.白膜　2.曲精小管

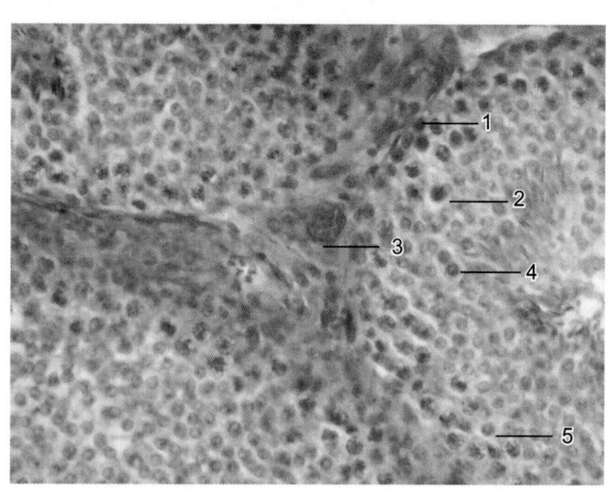

图6-13　睾丸组织结构（H.E.染色，×400）
1.精原细胞　2.初级精母细胞　3.精子
4.睾丸间质　5.精子细胞

五、卵巢

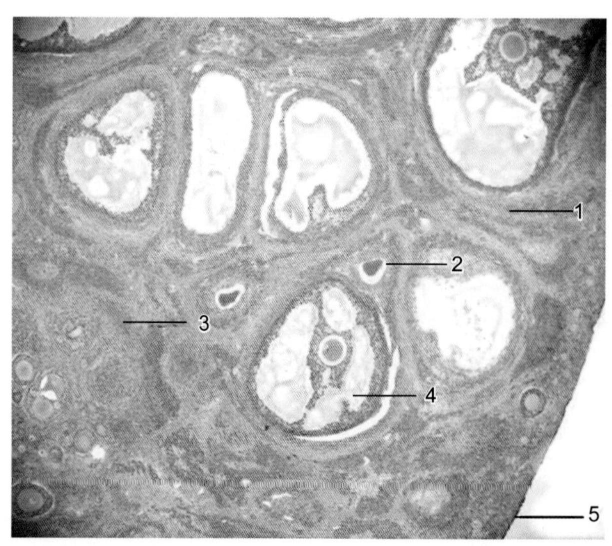

图6-14　卵巢组织结构（H.E.染色，×40）
1.皮质　2.闭锁卵泡　3.髓质
4.次级卵泡　5.白膜

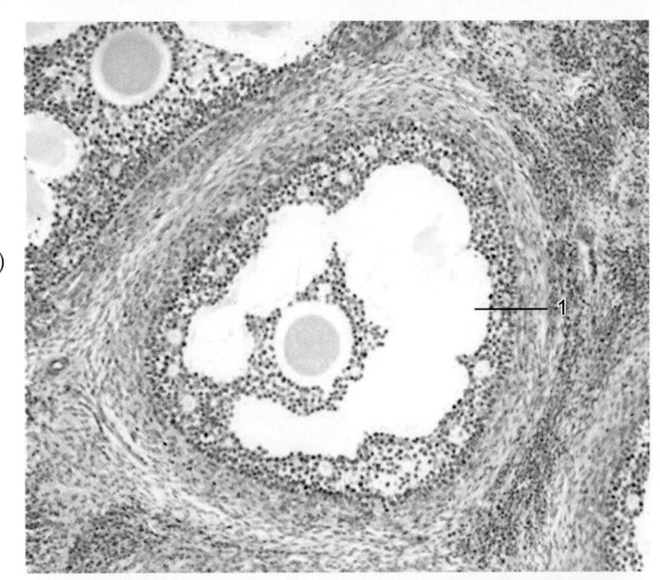

图6-15 卵巢组织结构（H.E.染色，×100）
1.成熟卵泡

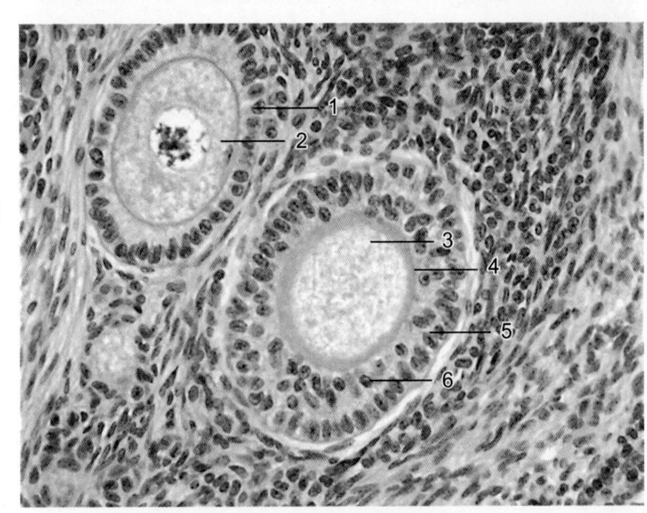

图6-16 卵巢组织结构（H.E.染色，×400）
1.卵泡细胞 2.卵母细胞 3.卵母细胞
4.透明带 5.卵泡细胞 6.初级卵泡

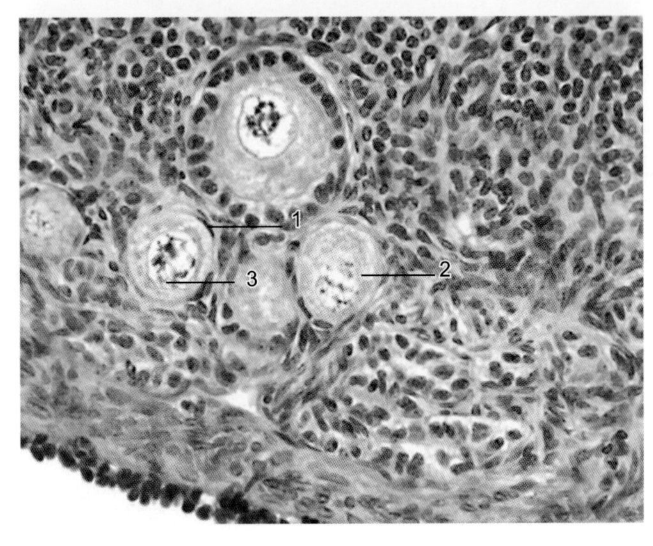

图6-17 卵巢组织结构（H.E.染色，×400）
1.卵泡细胞（扁平） 2.原始卵泡 3.卵母细胞

六、子宫

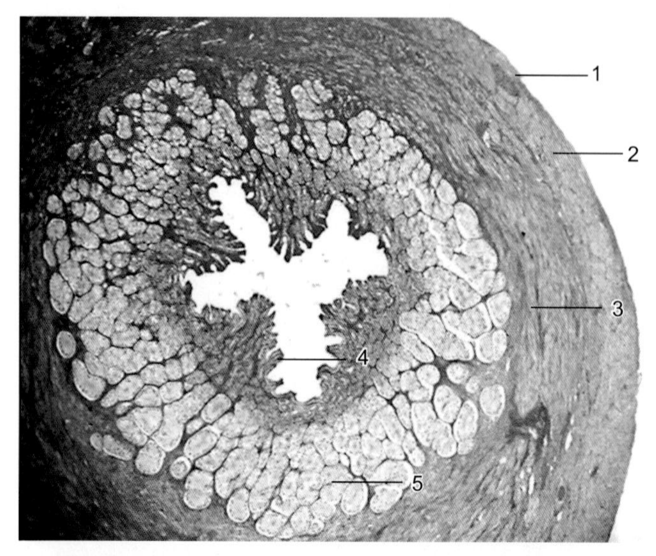

图6-18　子宫组织结构（H.E.染色，×40）
1.浆膜　2.纵行肌层　3.环行肌层
4.上皮　5.子宫腺

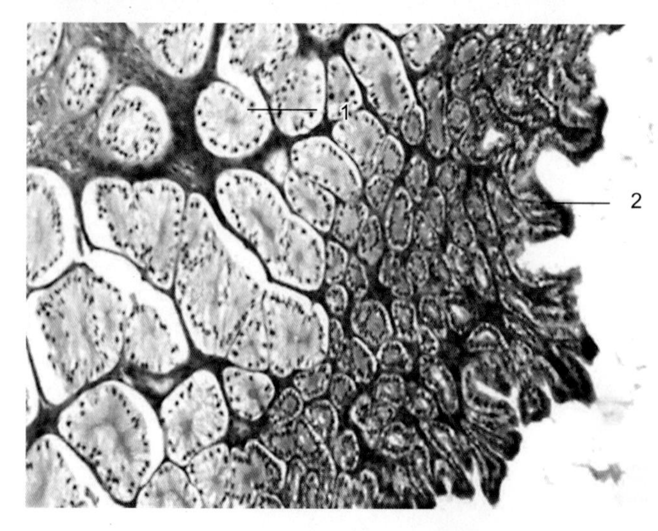

图6-19　子宫组织结构（H.E.染色，×100）
1.子宫腺　2.上皮

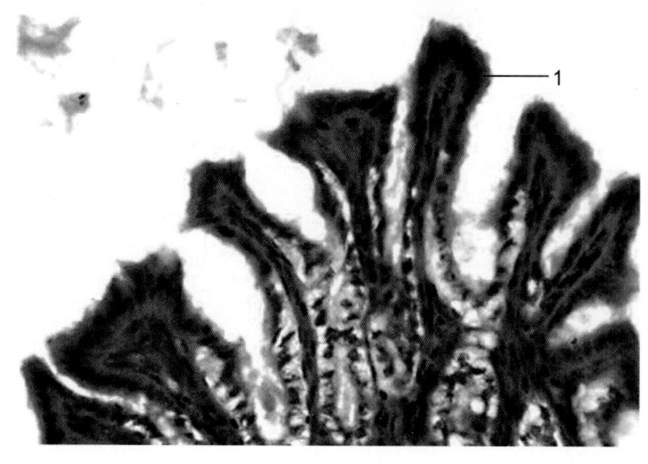

图6-20　子宫组织结构（H.E.染色，×400）
1.单层柱状上皮

第七章　血 细 胞

一、鸭血细胞

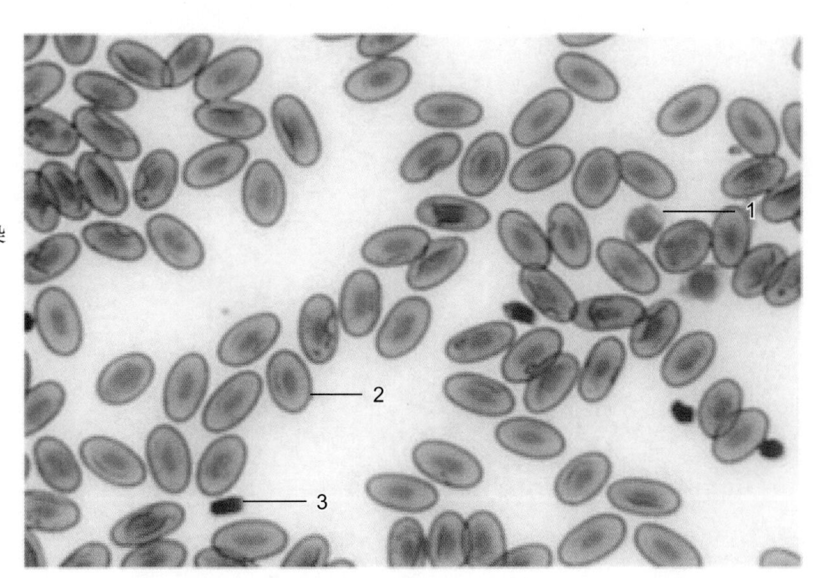

图7-1　鸭血涂片（瑞氏染色，×1000）
1.中性粒细胞　2.红细胞　3.凝血细胞

二、鸡血细胞

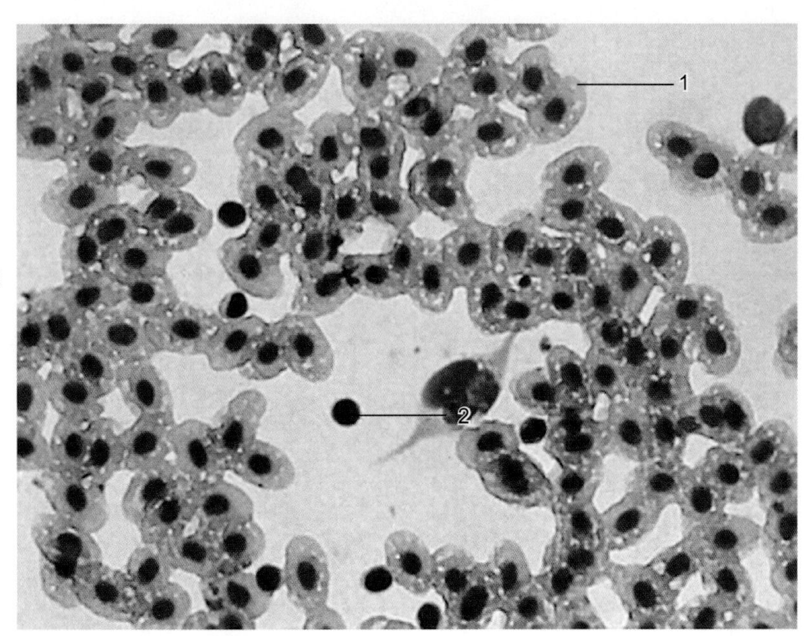

图7-2　鸡血涂片（瑞氏染色，×1000）
1.红细胞　2.淋巴细胞

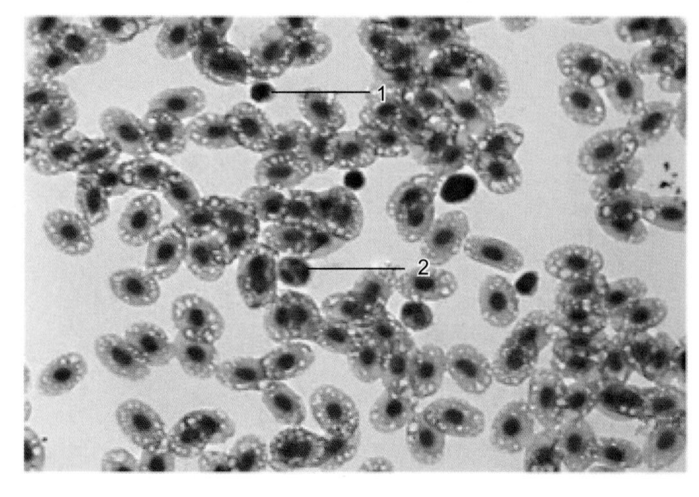

图7-3　鸡血涂片（瑞氏染色，×1000）
1.淋巴细胞　2.中性粒细胞

三、鼠血细胞

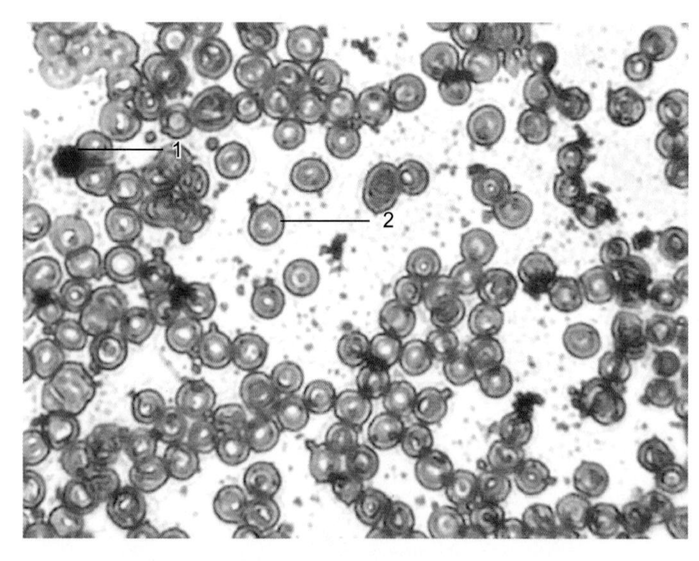

图7-4　鼠血涂片（瑞氏染色，×1000）
1. 淋巴细胞　2. 红细胞

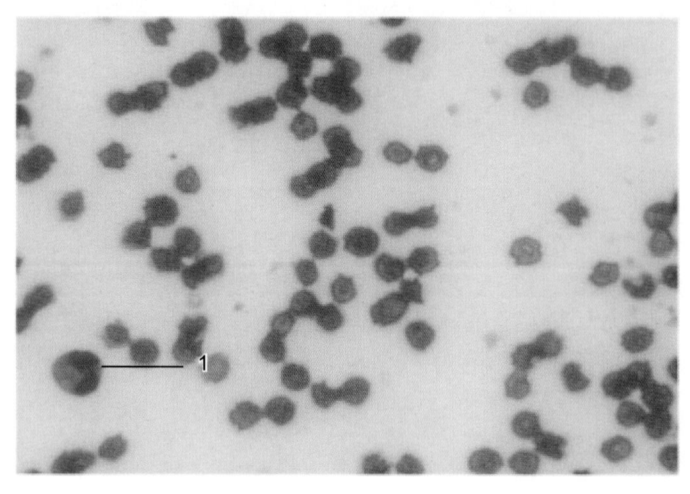

图7-5　鼠血涂片（瑞氏染色，×1000）
1. 中性粒细胞

四、兔血细胞

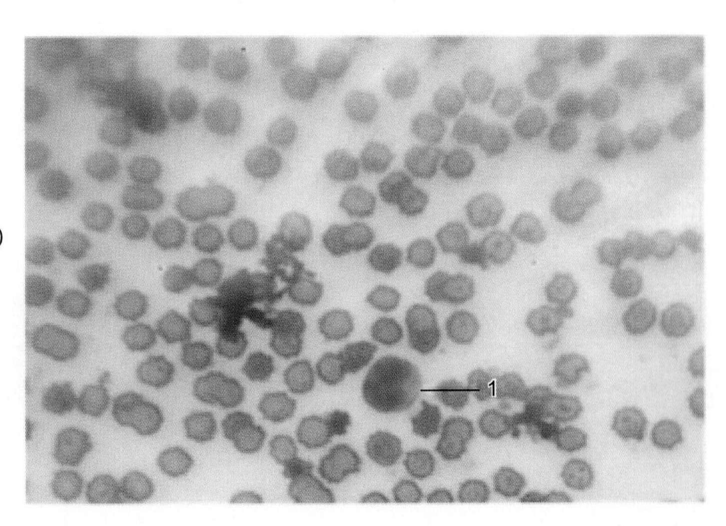

图7-6　兔血涂片（瑞氏染色，×1000）
1. 单核细胞

第八章　黏液细胞

一、鸡肠道黏液细胞

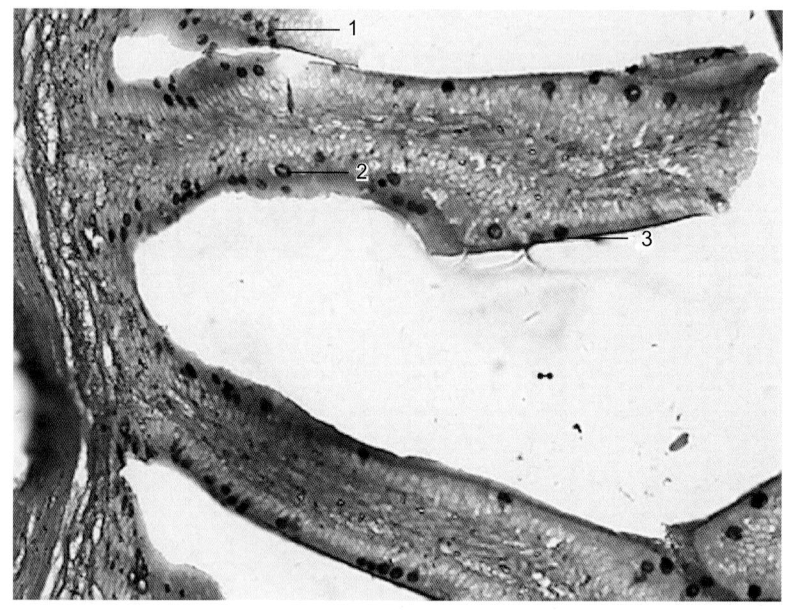

图8-1　鸡肠道黏液细胞（AB-PAS染色，×400）

1. Ⅳ型黏液细胞
2. Ⅱ型黏液细胞
3. Ⅲ型黏液细胞

二、鼠肠道黏液细胞

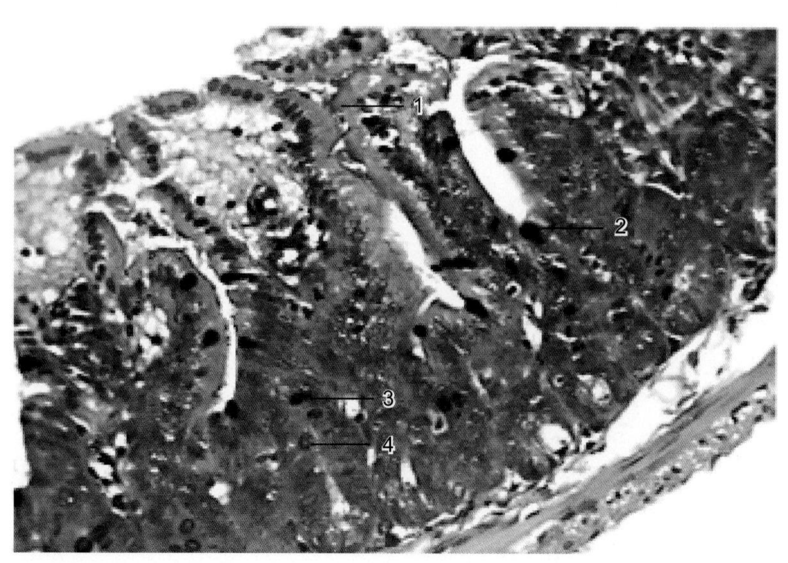

图8-2　鼠肠道黏液细胞（AB-PAS染色，×400）

1. Ⅰ型黏液细胞
2. Ⅲ型黏液细胞
3. Ⅳ型黏液细胞
4. Ⅱ型黏液细胞

第二篇　病理学图谱

第九章　局部血液循环障碍

一、动脉性充血（充血）

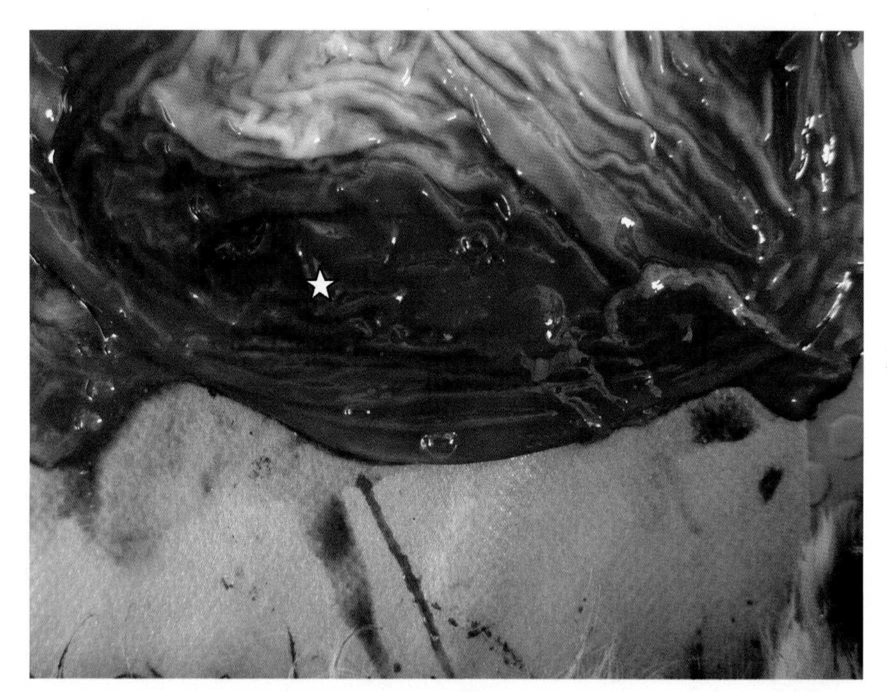

图9-1　胃黏膜充血

充血区域色泽鲜红（☆）

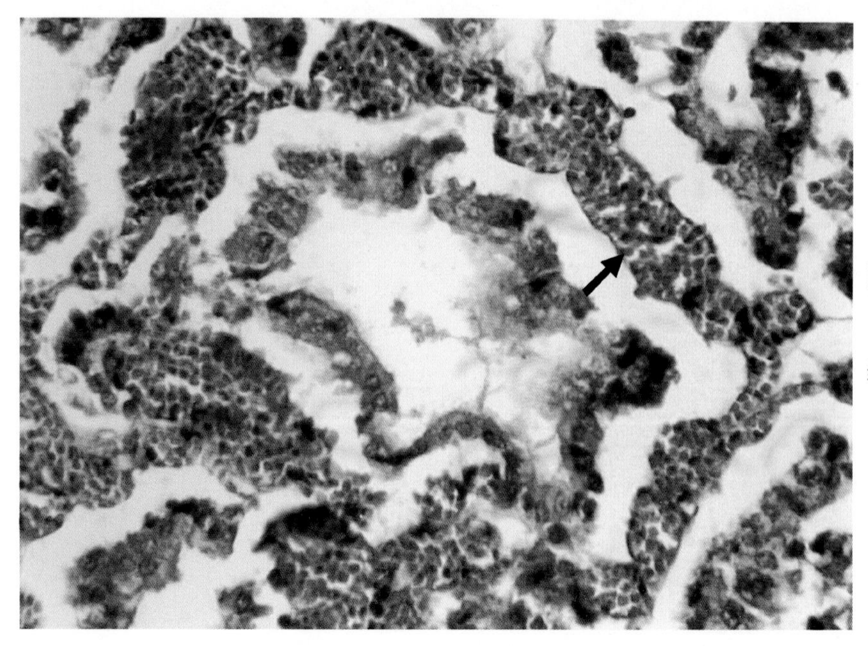

图9-2　甲状腺充血（H.E.染色，×400）

毛细血管扩张，充满红细胞（↑）

二、静脉性充血（淤血）

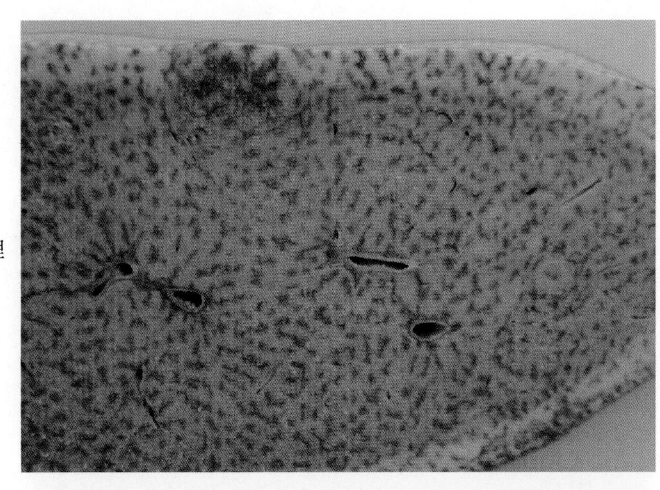

图9-3　慢性肝淤血（槟榔肝）
肝切面呈暗红色和灰黄色相间的纹理

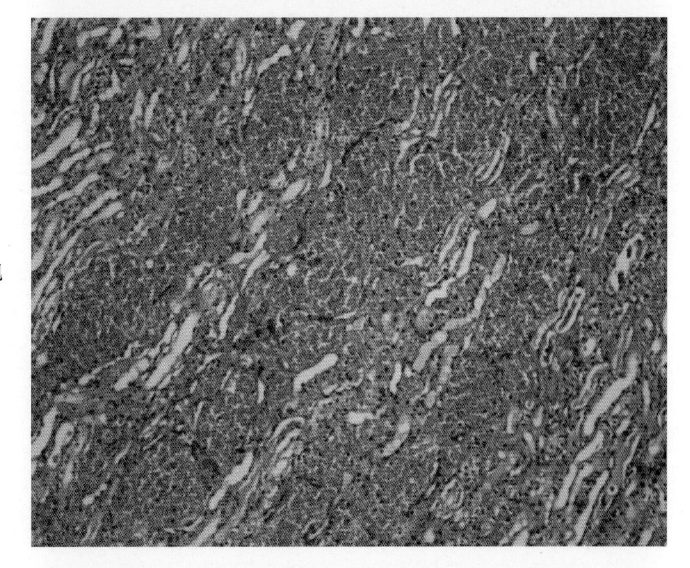

图9-4　肾淤血（H.E.染色，×100）
肾髓质部小静脉和毛细血管扩张，充满红细胞

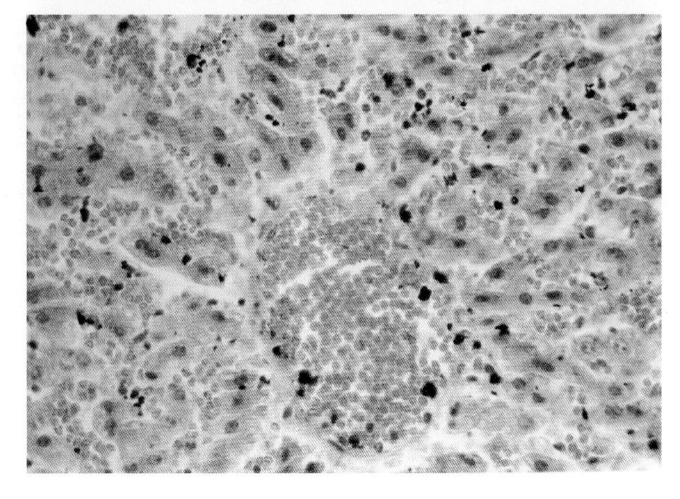

图9-5　猪肝淤血（H.E.染色，×400）
中央静脉和窦状隙扩张，充满红细胞

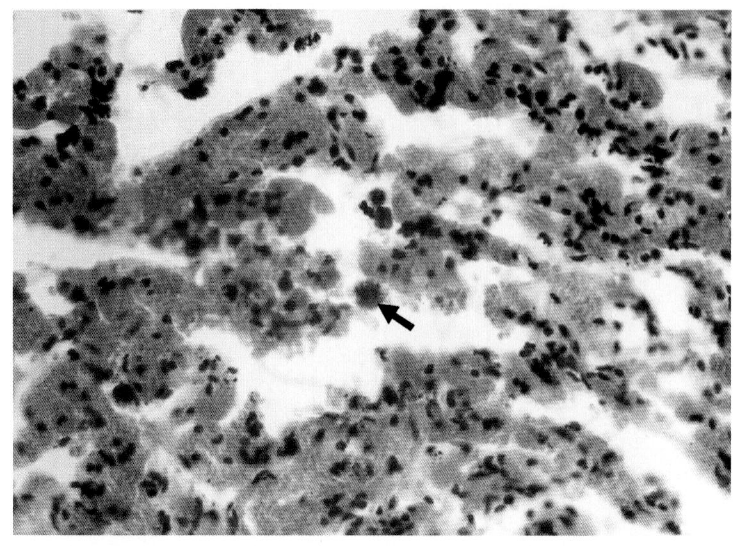

图9-6 猪慢性肺淤血（H.E.染色，×400）

毛细血管扩张充血，肺泡腔内可见心力衰竭细胞（↑）；

三、出血

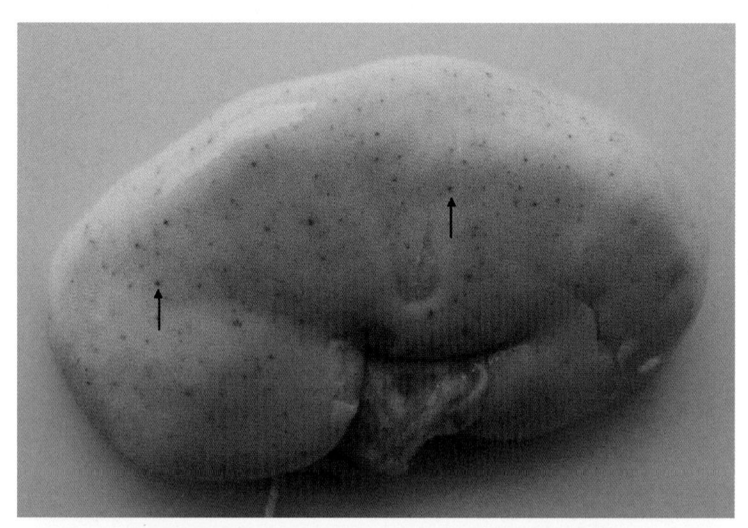

图9-7 肾出血

肾表面有出血点（↑）

图9-8 肾出血（猪瘟）

肾表面有大量出血点

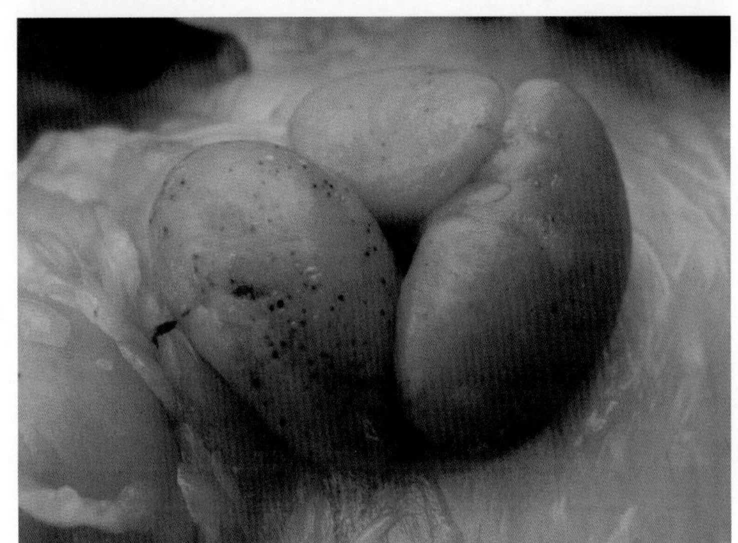

图9-9　鸭胸腺出血
胸腺表面有大量出血点

图9-10　鸭肝出血（鸭病毒性肝炎）
肝表面见大量出血点、出血斑

图9-11　猪膀胱出血
膀胱黏膜可见出血斑

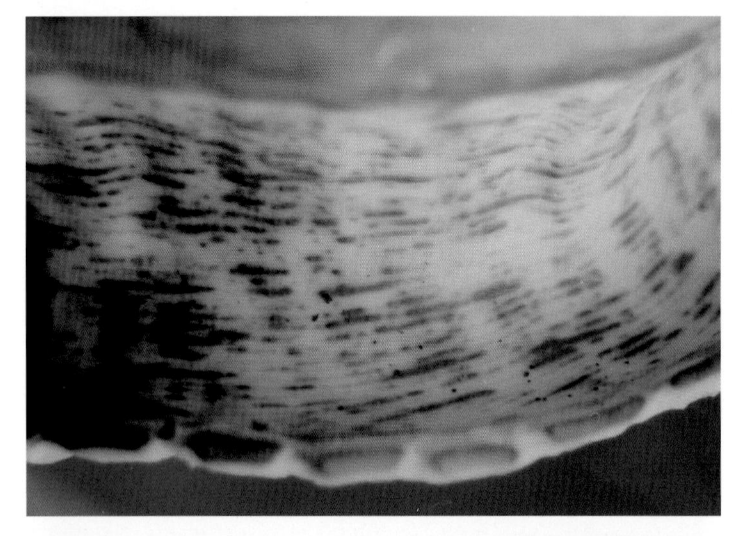

图9-12　牛支气管出血

支气管黏膜表面有条状出血

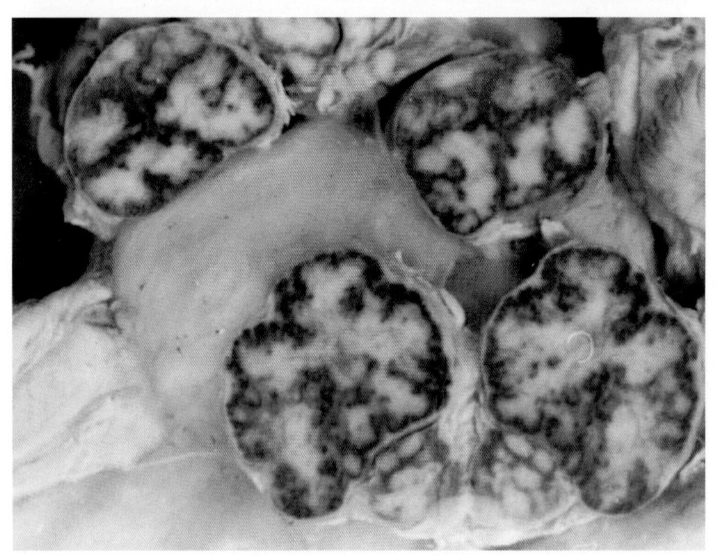

图9-13　猪淋巴结出血

淋巴结周边有出血

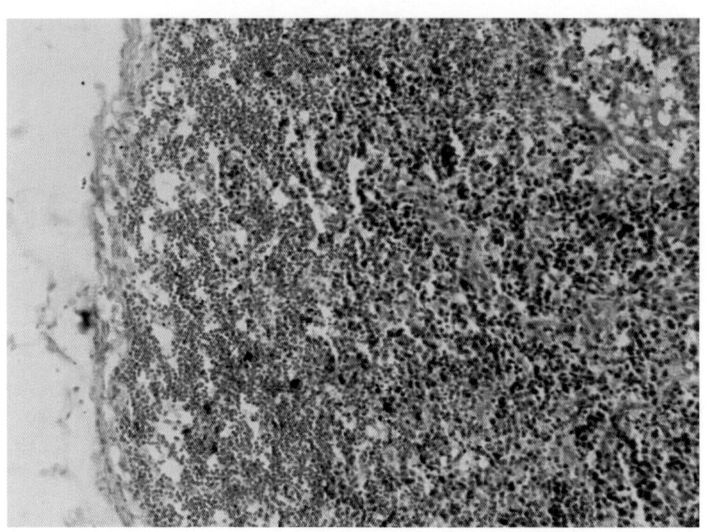

图9-14　猪淋巴结出血（H.E.染色，×200）

被膜下淋巴窦和周围组织出血

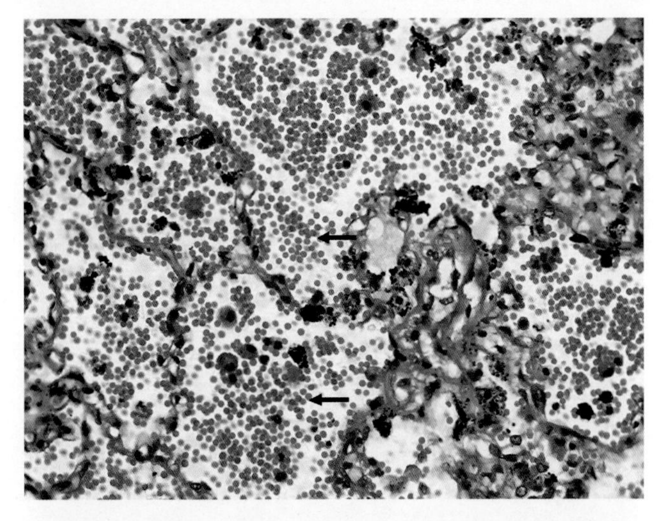

图9-15　犬肺出血（H.E.染色，×400）
肺泡腔内充满红细胞（↑）

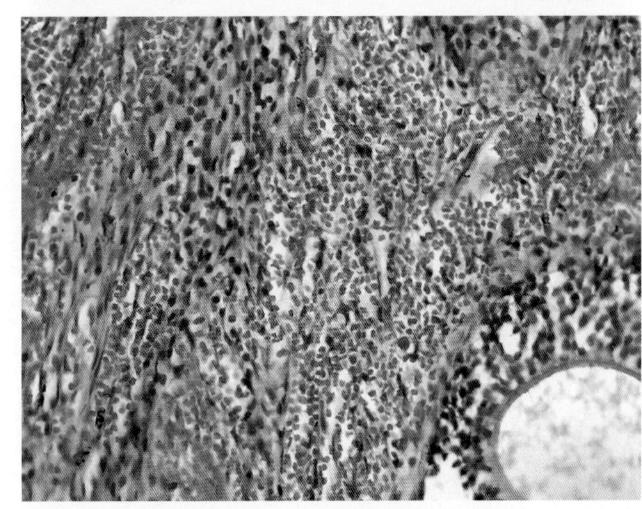

图9-16　犬卵巢出血（H.E.染色，×400）
血管外的组织间隙内有大量红细胞

四、血栓

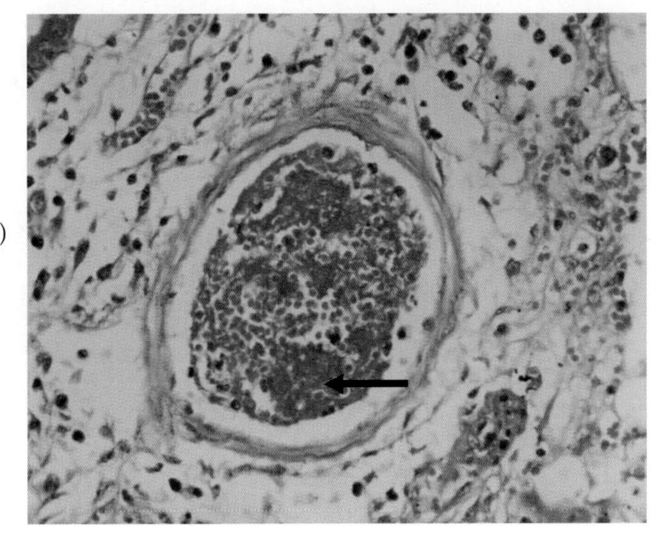

图9-17　牛肺血栓形成（H.E.染色，×400）
血栓由纤维蛋白及红细胞构成（↑）

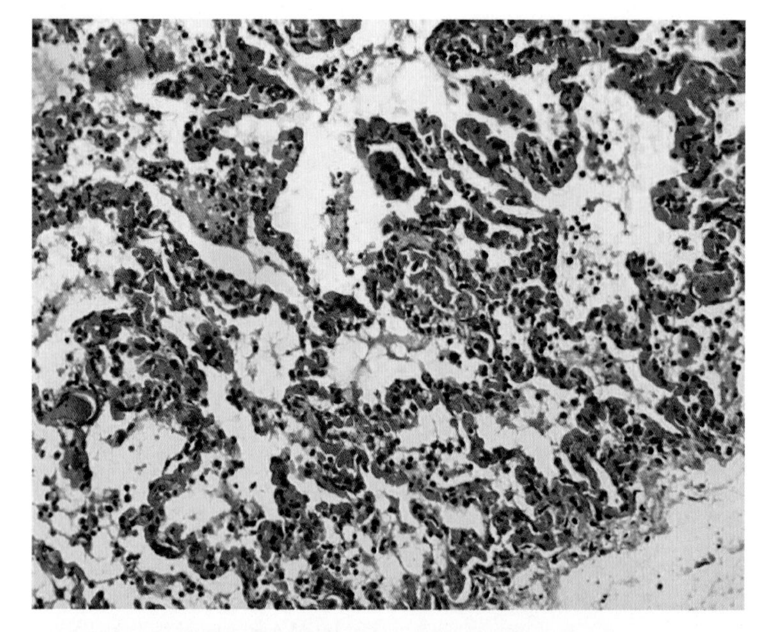

图9-18 肺毛细血管透明血栓（H.E.染色，×400）

透明血栓红染、均质、无固定结构

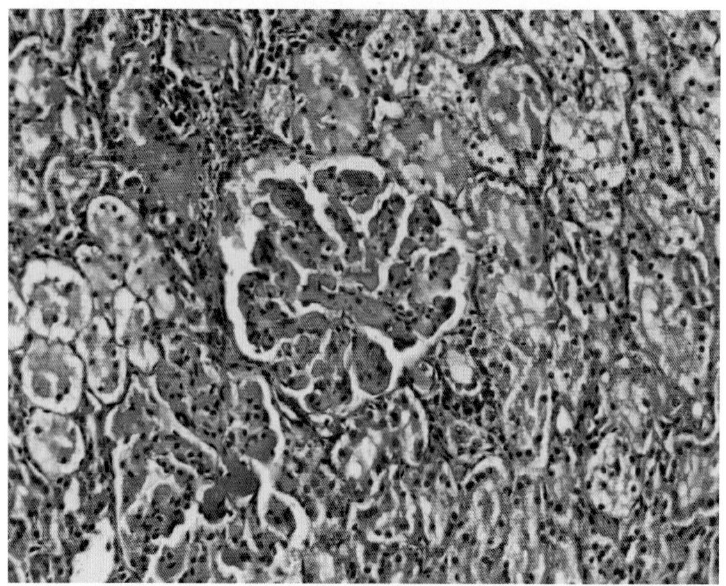

图9-19 肾小球毛细血管透明血栓（H.E.染色，×200）

肾小球毛细血管内可见透明血栓

五、梗死

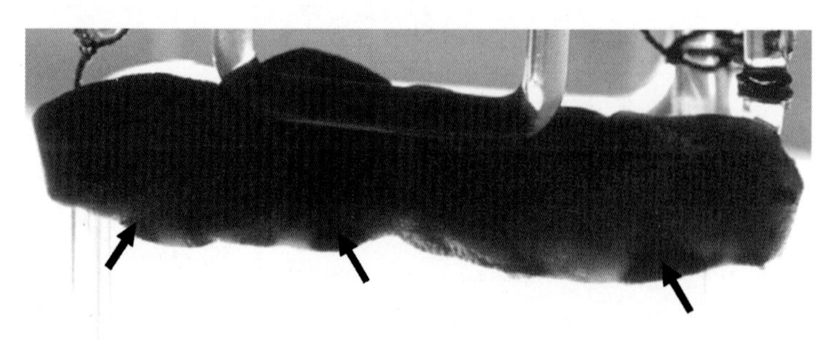

图9-20 猪脾出血性梗死（猪瘟）

梗死灶呈椎体形、暗红色（↑）

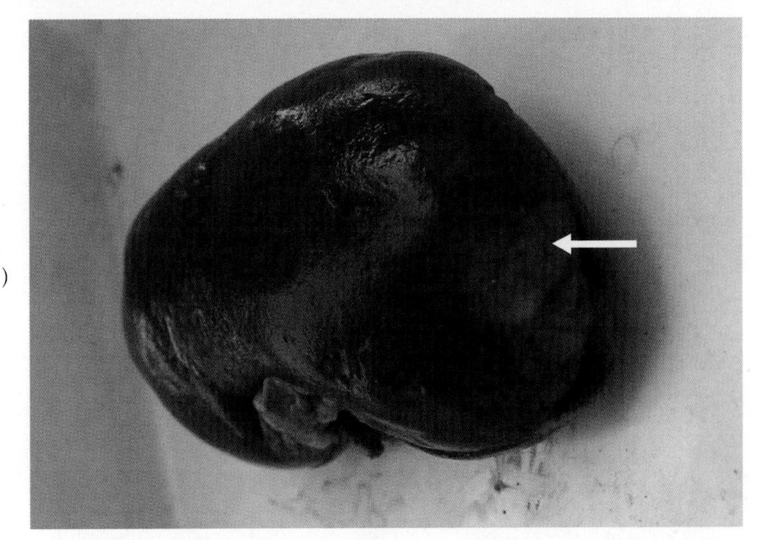

图9-21　犬肾贫血性梗死

贫血性梗死灶，呈灰白色（↑）

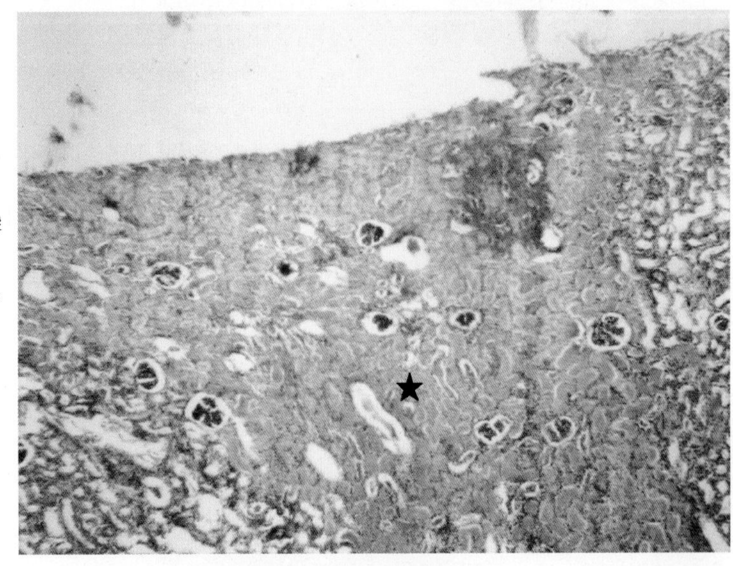

图9-22　猪肾贫血性梗死（H.E.染色，×40）

梗死灶凝固性坏死，呈三角形（★），与正常肾组织分界明显

第十章　细胞和组织的损伤

一、萎缩

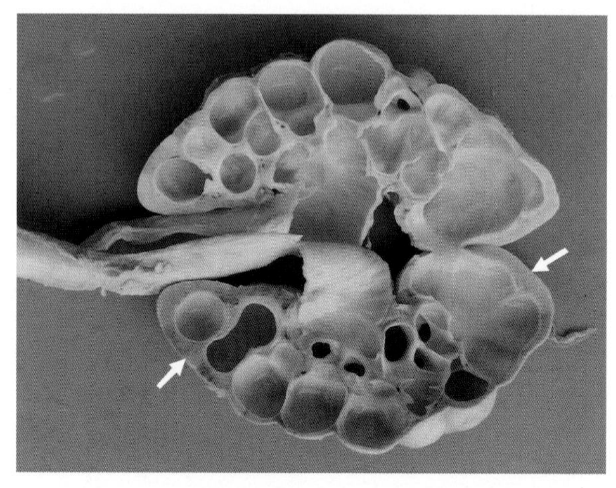

图 10-1　肾压迫性萎缩

肾内出现许多充满尿液的囊腔，肾实质因受尿液压迫而萎缩（↑）

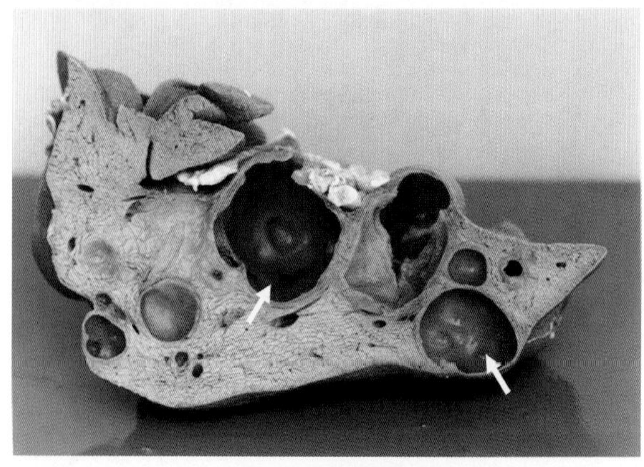

图 10-2　肝压迫性萎缩（猪棘球蚴病）

肝内形成棘球蚴包囊（↑），包囊周围肝组织受压迫而萎缩

图 10-3　脂肪萎缩

心脂肪浆液性萎缩，心冠状沟脂肪呈半透明胶冻状

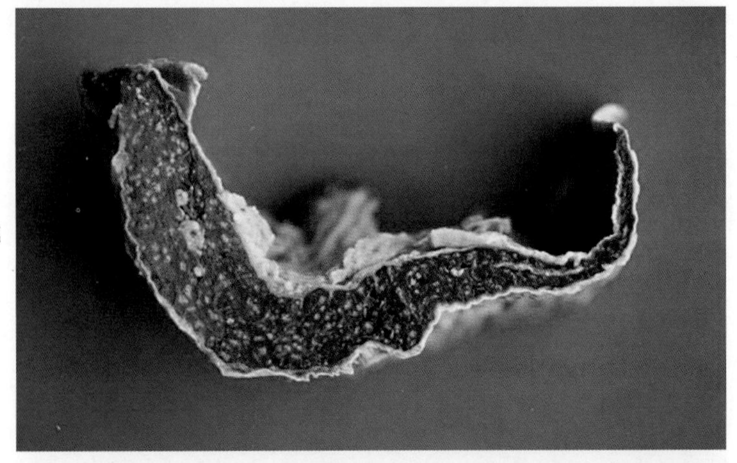

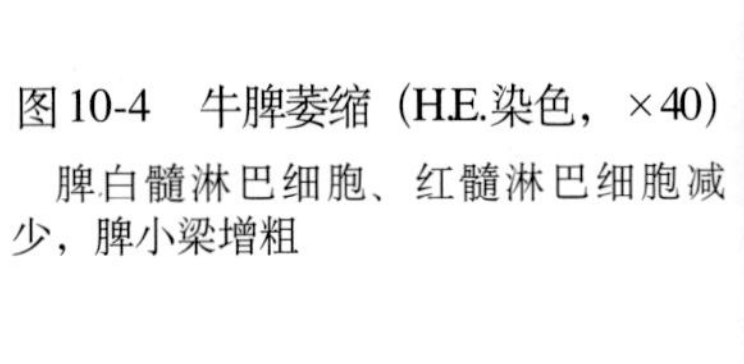

图10-4　牛脾萎缩（H.E.染色，×40）

脾白髓淋巴细胞、红髓淋巴细胞减少，脾小梁增粗

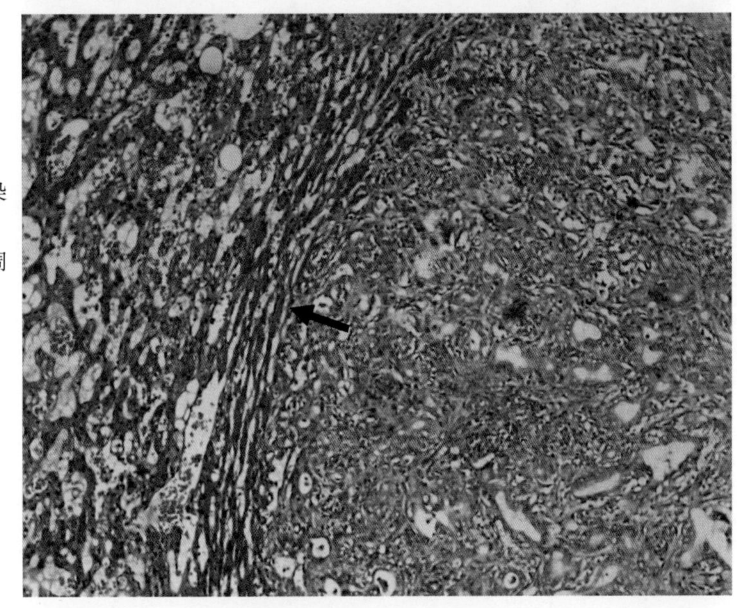

图10-5　犬肝压迫性萎缩（H.E.染色，×100）

肝组织受肿瘤（右侧）压迫，肿瘤周围肝细胞体积变小、萎缩、消失（↑）

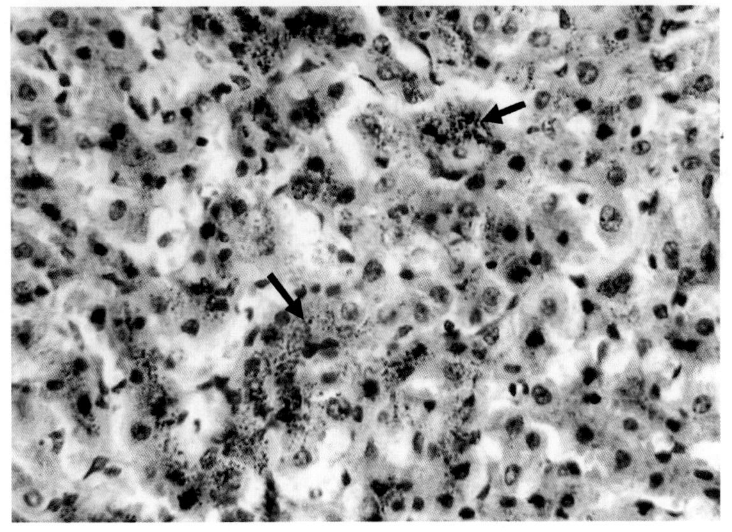

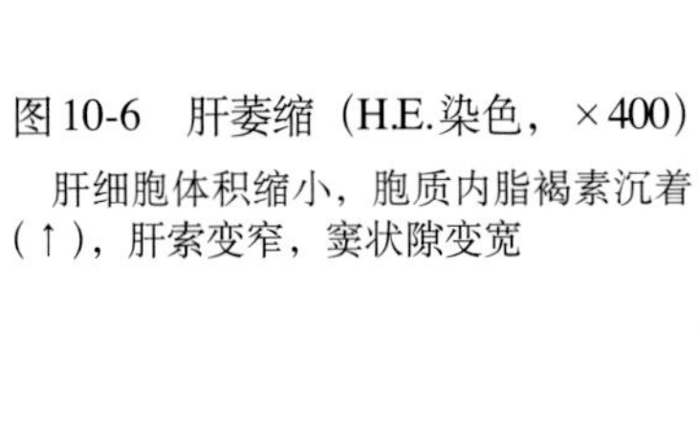

图10-6　肝萎缩（H.E.染色，×400）

肝细胞体积缩小，胞质内脂褐素沉着（↑），肝索变窄，窦状隙变宽

二、变性

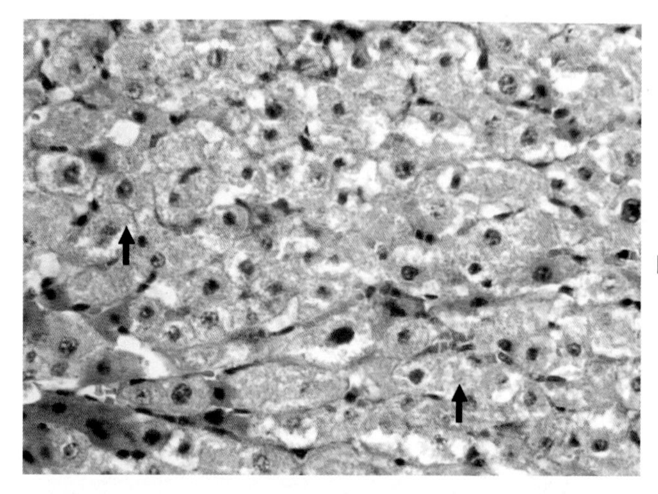

图 10-7　肝细胞颗粒变性（H.E.染色，×400）

肝细胞肿胀，胞质内出现红染颗粒（↑），窦状隙狭窄

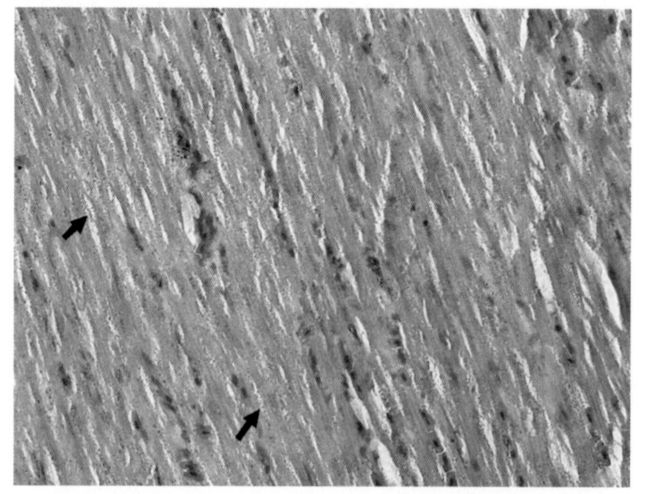

图 10-8　心肌颗粒变性（H.E.染色，×400）

肌浆内出现大量细小的、红色的蛋白颗粒（↑）

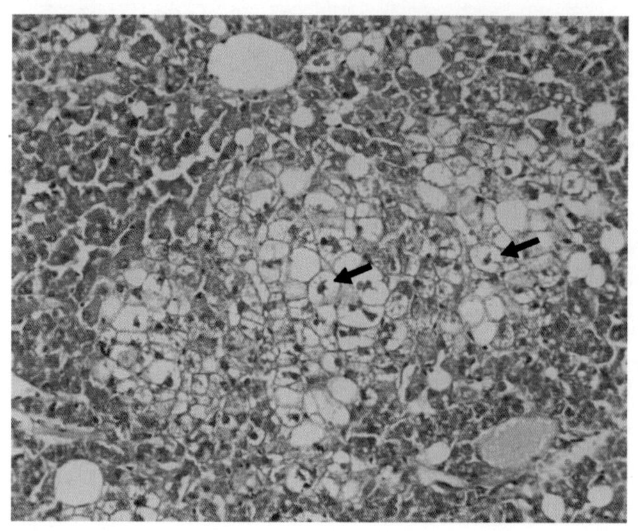

图 10-9　肝水泡变性（H.E.染色，×200）

肝细胞肿胀，胞质淡染，胞质内出现大小不等的水泡（↑）

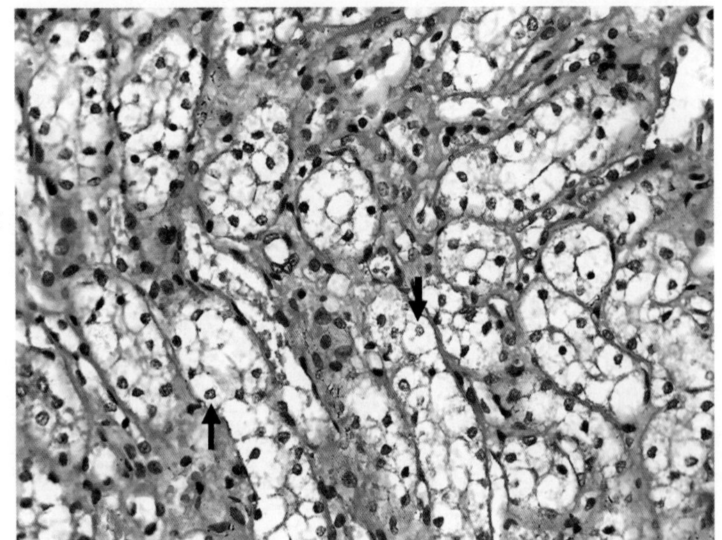

图10-10　肾小管上皮细胞水泡变性（H.E.染色，×400）

肾小管上皮细胞肿胀，胞质染色变淡，出现空泡，核悬浮于细胞内（↑）

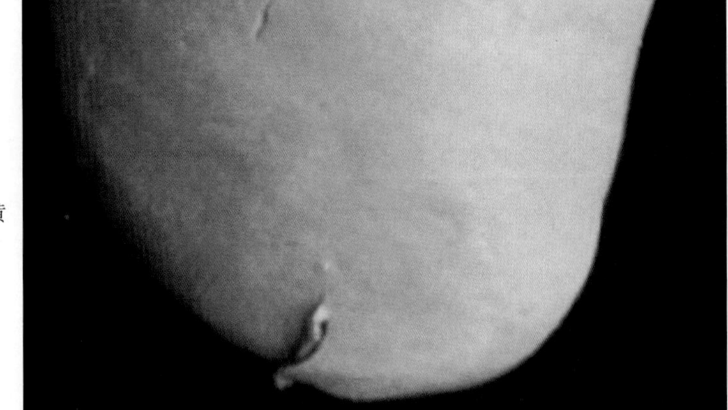

图10-11　鸭肝脂肪变性

肝肿大，边缘钝圆，颜色变黄

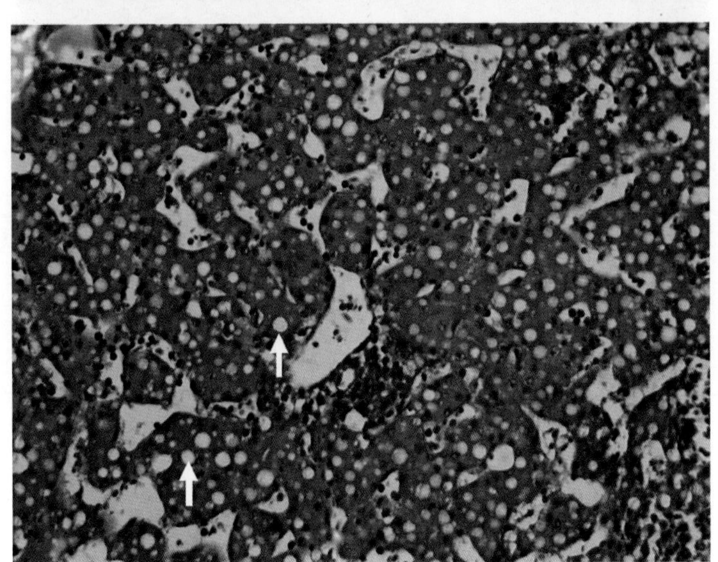

图10-12　肝轻度脂肪变性（H.E.染色，×400）

肝细胞肿胀，胞质内出现大小不等的圆形空泡（↑）

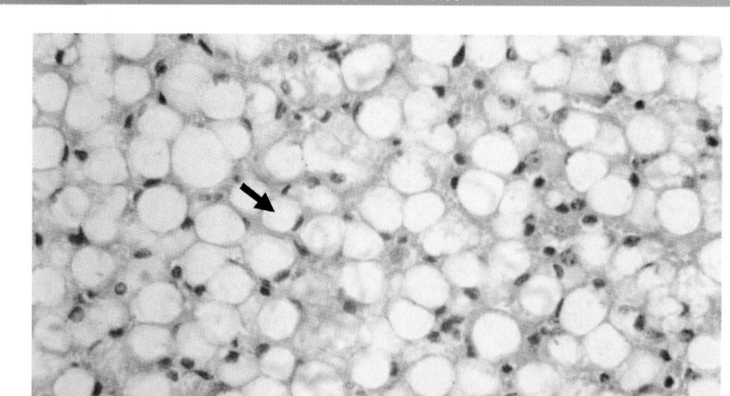

图10-13　肝重度脂肪变性（H.E.染色，×400）

肝细胞肿胀，胞质内出现大小不等的圆形空泡，细胞核被挤向一侧（↑）

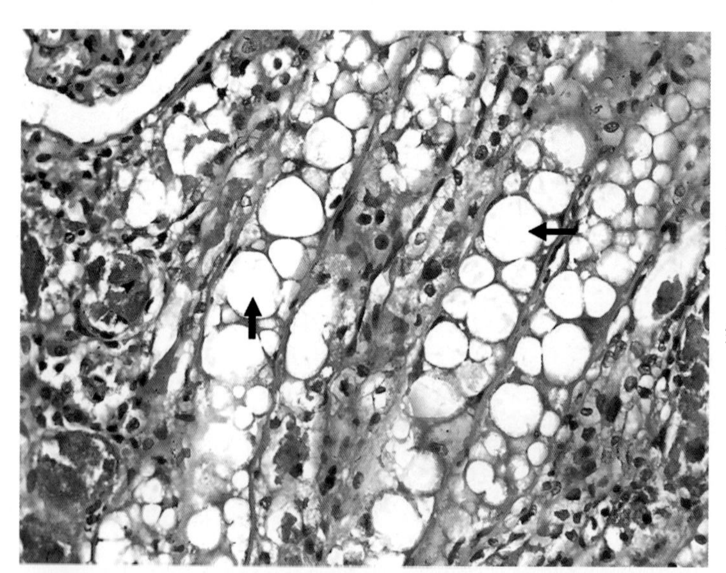

图10-14　肾小管上皮细胞脂肪变性（H.E.染色，×400）

肾小管上皮细胞肿胀，胞质内出现圆形空泡，细胞核被挤向一侧（↑）

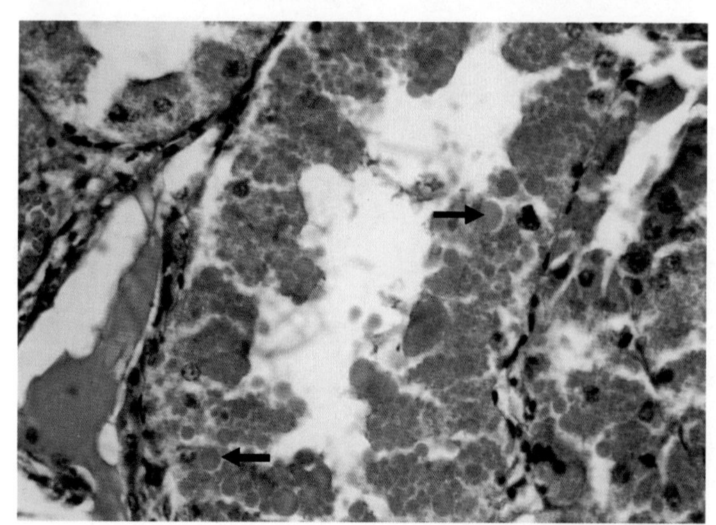

图10-15　猪肾小管上皮细胞透明滴状变（H.E.染色，×100）

肾小管上皮细胞肿胀，胞质内出现圆形、红染、均质的滴状物（↑）

图10-16　慢性肾小球肾炎（H.E.染色，×400）

肾小球纤维化，纤维结缔组织发生透明变性（↑）

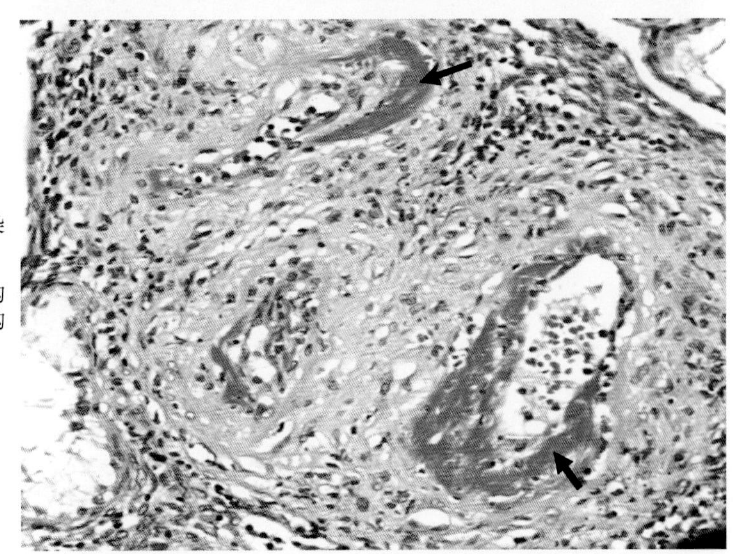

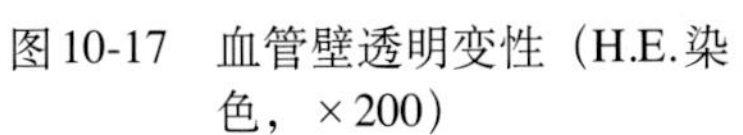

图10-17　血管壁透明变性（H.E.染色，×200）

平滑肌纤维变性溶解，纤维结构消失，呈均匀一致的无定形红染结构（↑）

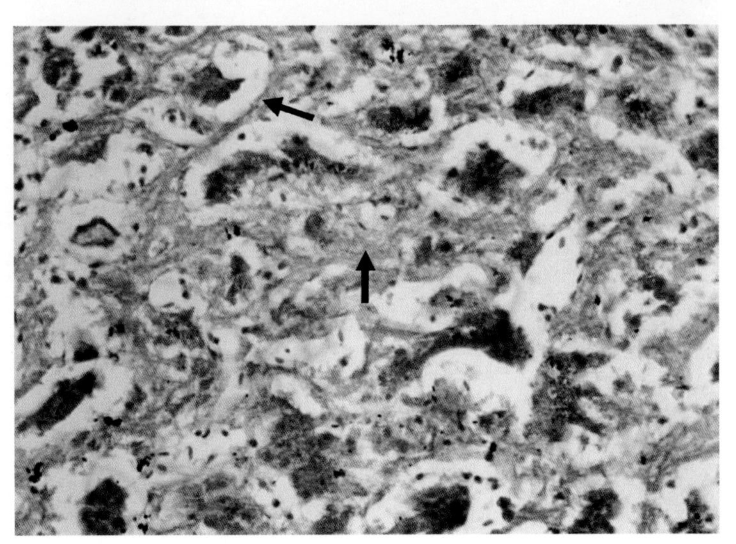

图10-18　肝淀粉样变性（H.E.染色，×400）

淀粉样物质沉积，形成粗细不等的条索（↑），肝细胞受压萎缩

三、坏死

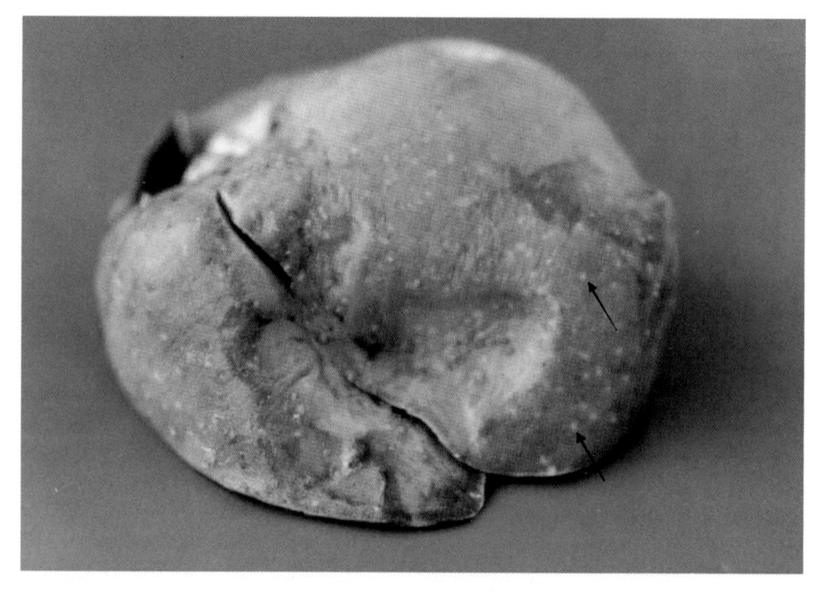

图 10-19　猪肝坏死

肝表面可见灰黄色坏死灶（↑）

图 10-20　猪脾坏死

脾表面可见大量灰白色坏死灶（↑）

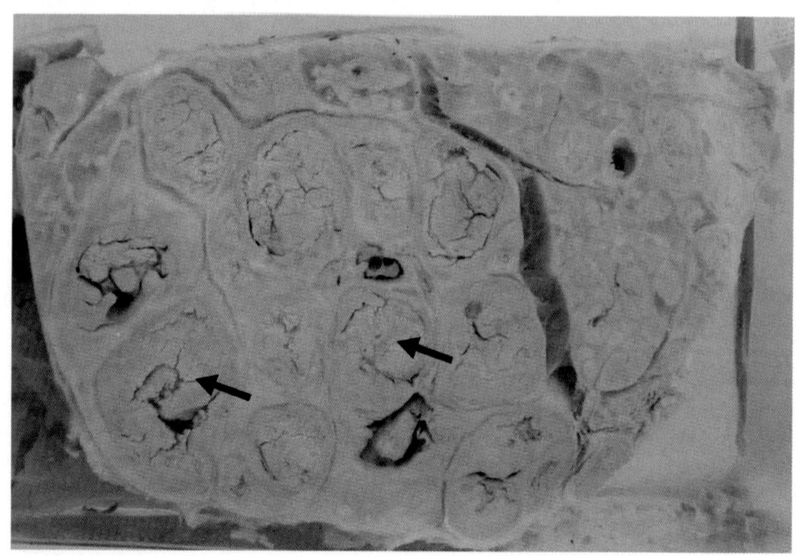

图 10-21　肺干酪样坏死（牛肺结核）

结核结节，坏死灶灰白色、松软无固定结构、似干酪（↑）

图10-22　急性中毒性肝炎（H.E.染色，×40）

肝细胞大量崩解消失，形成坏死灶（↑）

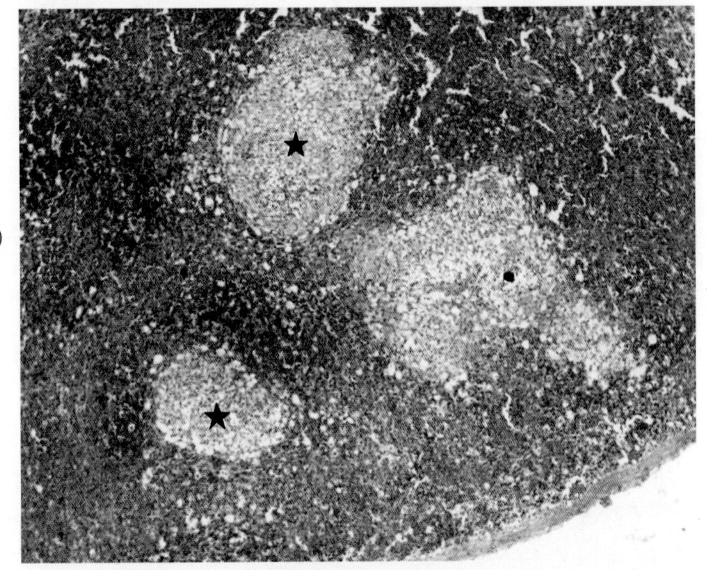

图10-23　鸭脾坏死（H.E.染色，×40）

淋巴组织崩解消失，形成坏死灶（★）

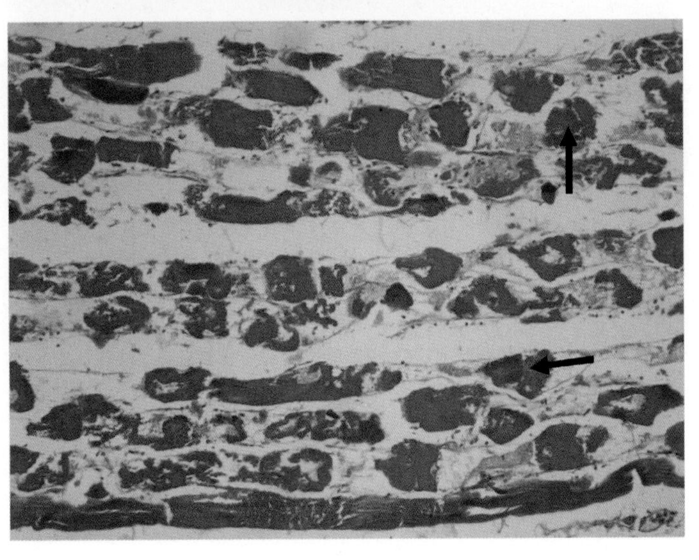

图10-24　横纹肌蜡样坏死（鸡白肌病）（H.E.染色，×100）

肌纤维肿胀、断裂，核消失，变成红染、均匀无固定结构的团块物质（↑）

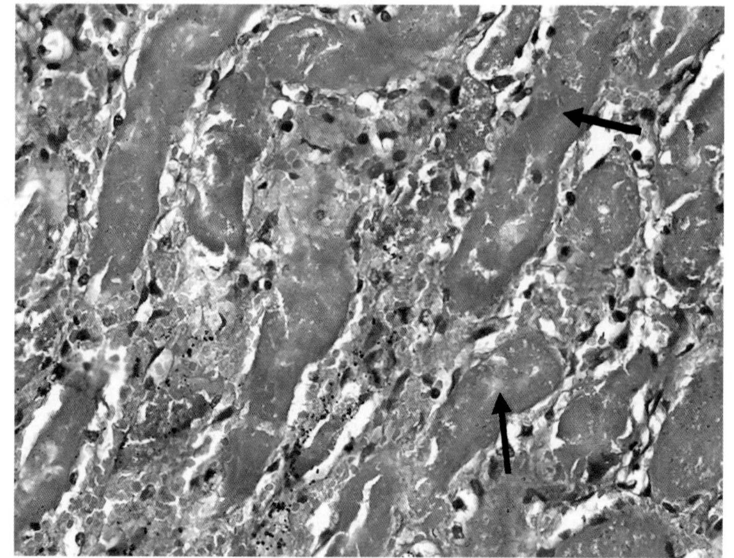

图10-25　肾小管凝固性坏死（H.E.染色，×400）

肾小管上皮细胞核溶解消失，肾小管轮廓尚存在（↑）

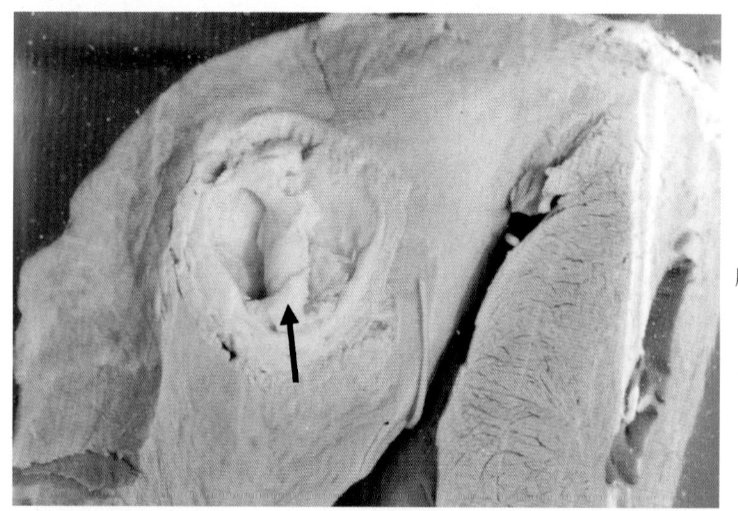

图10-26　心肌脓肿

脓肿中央为脓液（↑），周围有脓肿膜包围

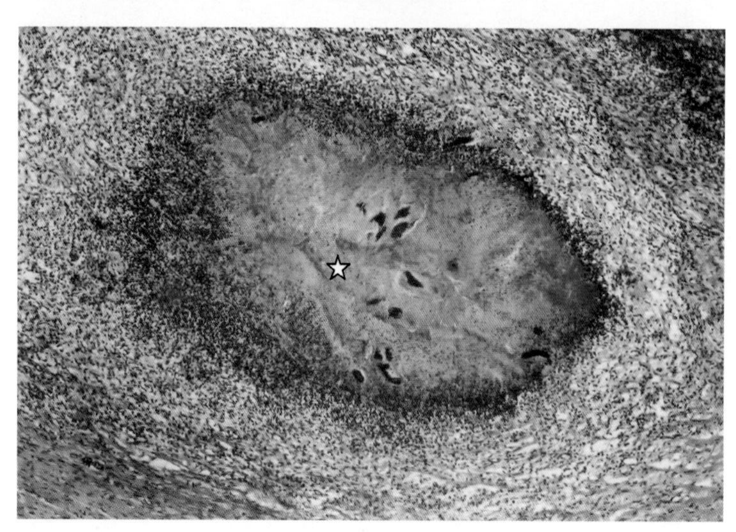

图10-27　化脓性心肌炎（H.E.染色，×100）

化脓灶中心液化性坏死（☆），周围有大量中性粒细胞

图10-28　大脑软化灶（H.E.染色，×100）

筛网状软化灶（★），病灶边界清楚

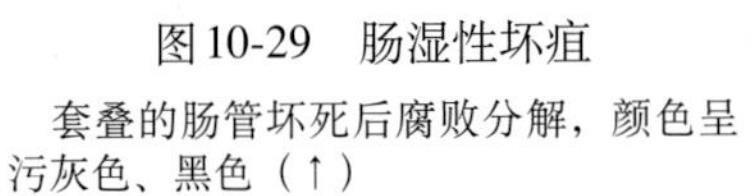

图10-29　肠湿性坏疽

套叠的肠管坏死后腐败分解，颜色呈污灰色、黑色（↑）

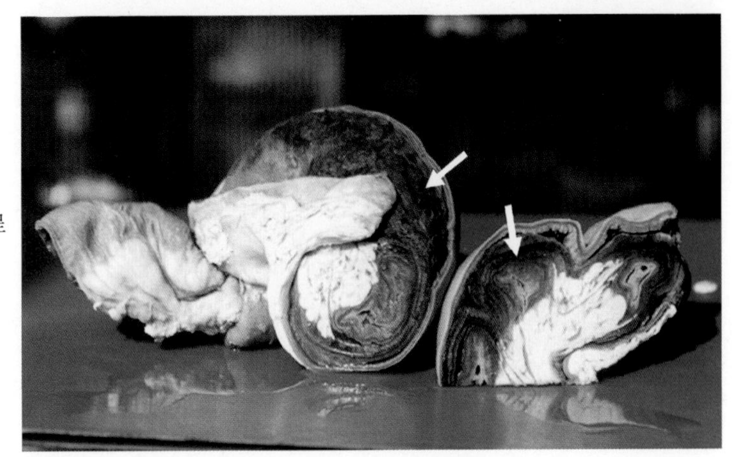

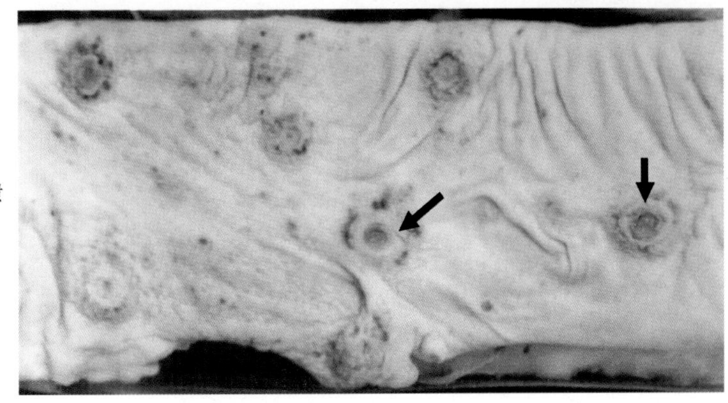

图10-30　猪大肠黏膜溃疡灶

大肠黏膜坏死、脱落，形成纽扣状溃疡灶（↑）

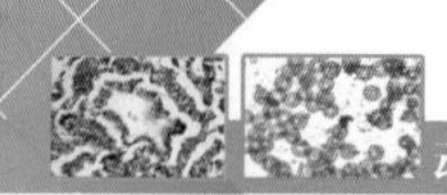

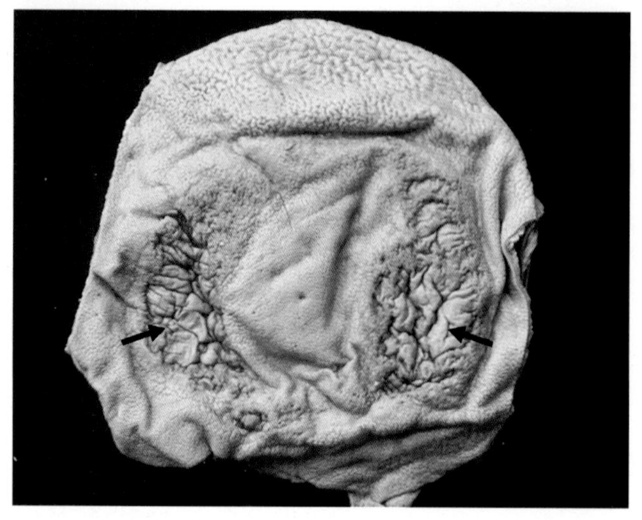

图 10-31　猪胃溃疡
胃黏膜坏死、脱落，形成溃疡灶（↑）

四、细胞凋亡

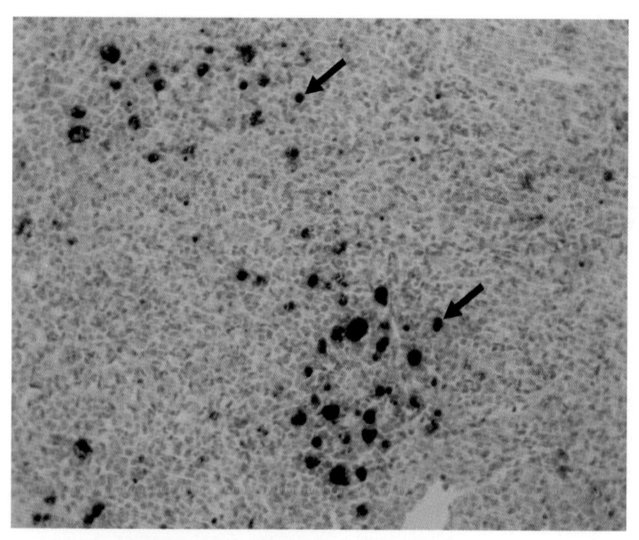

图 10-32　脾淋巴细胞凋亡（TUNEL，×200）
凋亡细胞核呈深蓝色，散在分布（↑）

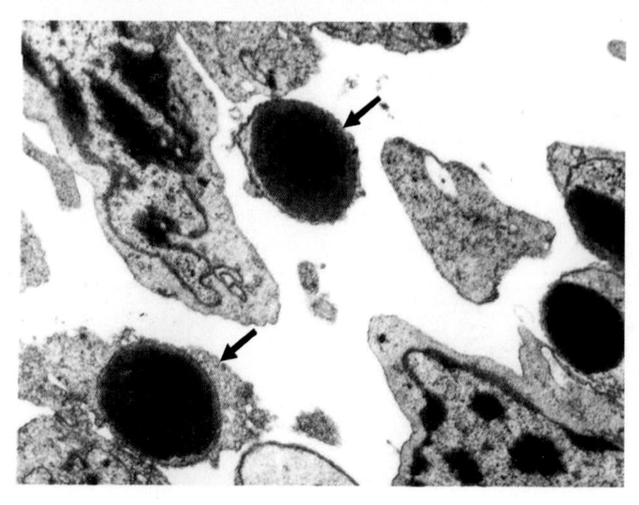

图 10-33　凋亡小体（电镜，×4800）
凋亡小体有胞膜包裹，内有胞质和碎裂的致密染色质团块（↑）

第十一章　病理性物质沉着

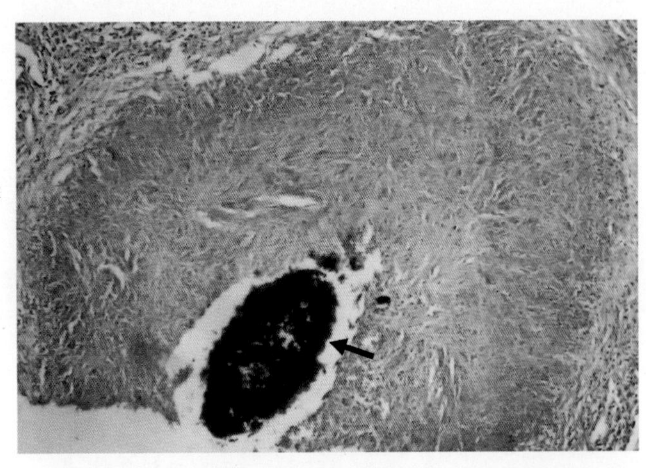

图11-1　结核病干酪样坏死灶钙化（H.E.染色，×100）

沉着的钙盐，呈深蓝色颗粒或团块（↑）

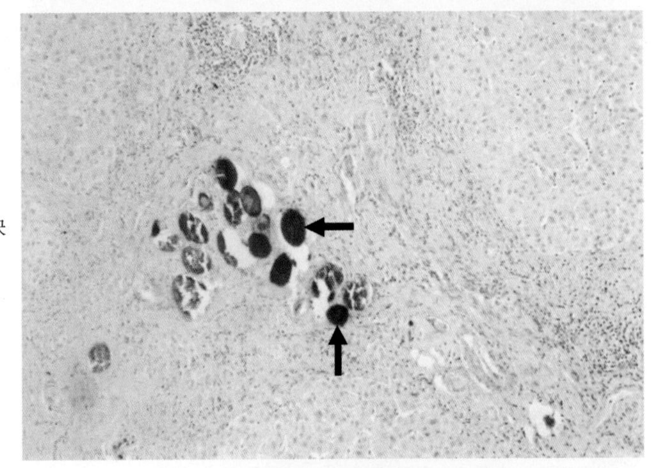

图11-2　虫卵钙化（H.E.染色，×100）

血吸虫虫卵钙化，钙盐呈深蓝色颗粒或团块（↑）

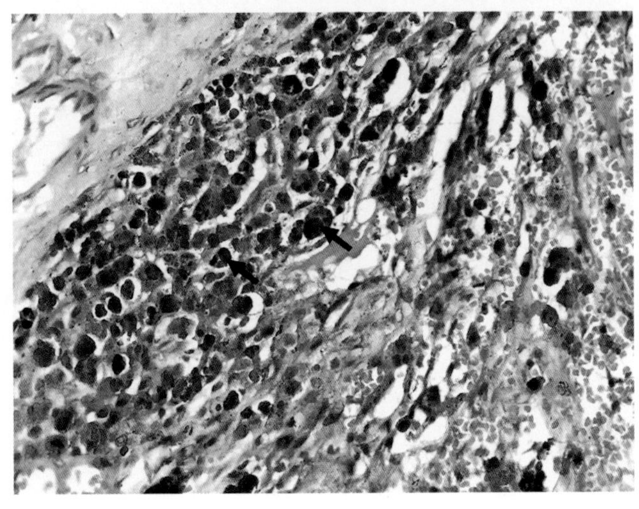

图11-3　犬脾含铁血黄素沉着（H.E.染色，×400）

可见大量含铁血黄素细胞，含铁血黄素呈黄棕色或金黄色（↑）

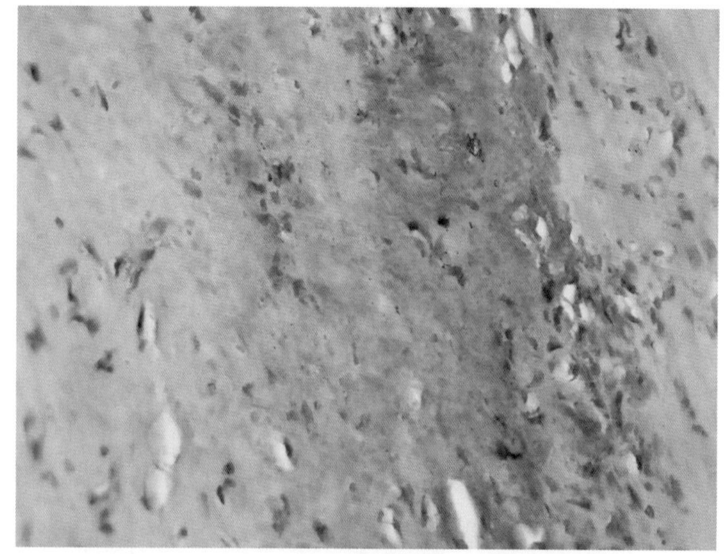

图11-4　犬脾含铁血黄素沉着（H.E.染色，×400）

含铁血黄素细胞崩解，释放含铁血黄素至细胞外

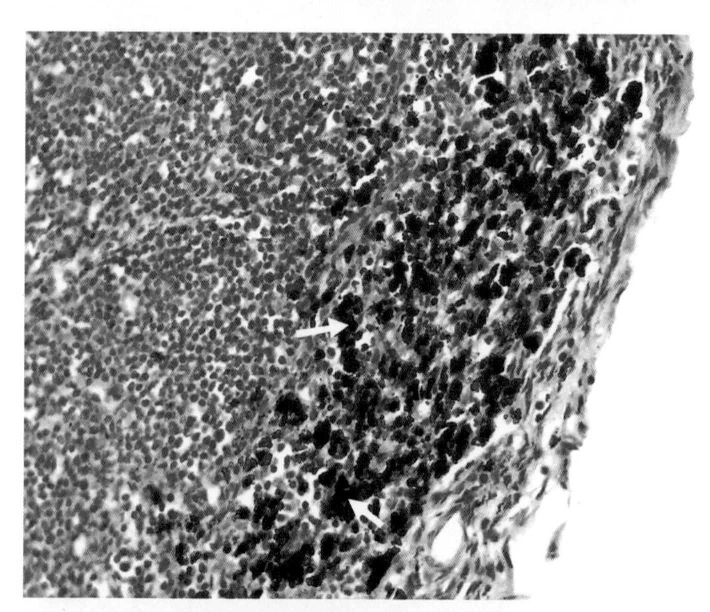

图11-5　猪淋巴结含铁血黄素沉着（H.E.染色，×400）

淋巴结周边沉着大量黄棕色含铁血黄素（↑）

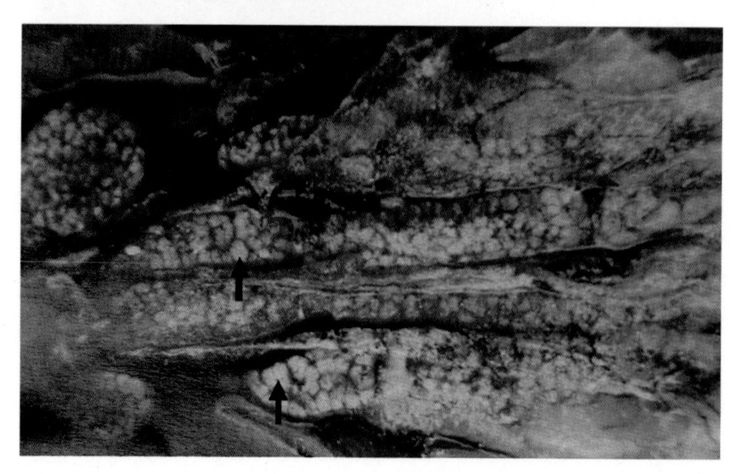

图11-6　鸭痛风（尿酸盐沉积）

肾色泽变淡，表面呈白色花斑状（↑）（黄瑜供图）

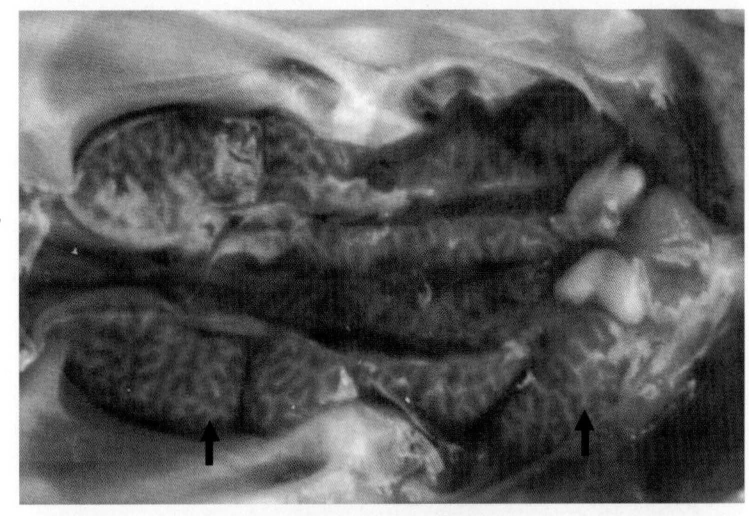

图11-7　鸡肾尿酸盐沉积

尿酸盐呈白色，沉积在肾小管内，肾外观呈花斑状（↑）

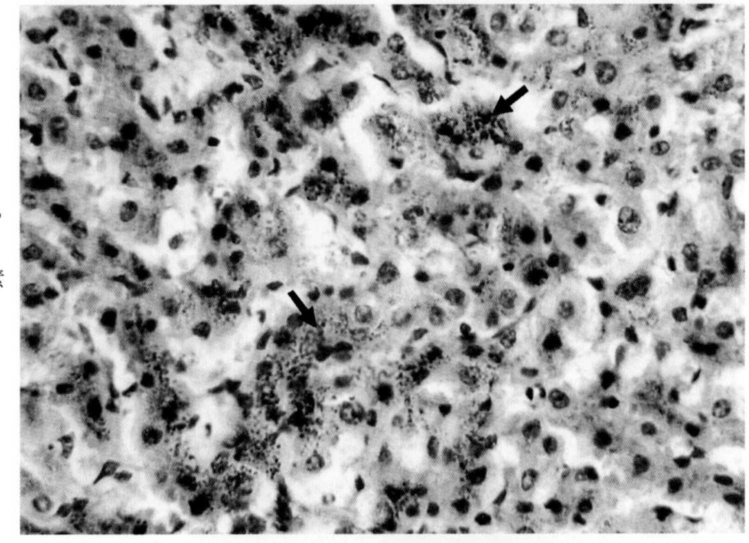

图11-8　脂褐素沉着（H.E.染色，×400）

在萎缩的肝细胞胞质内可见脂褐素沉着，脂褐素呈棕褐色颗粒（↑）

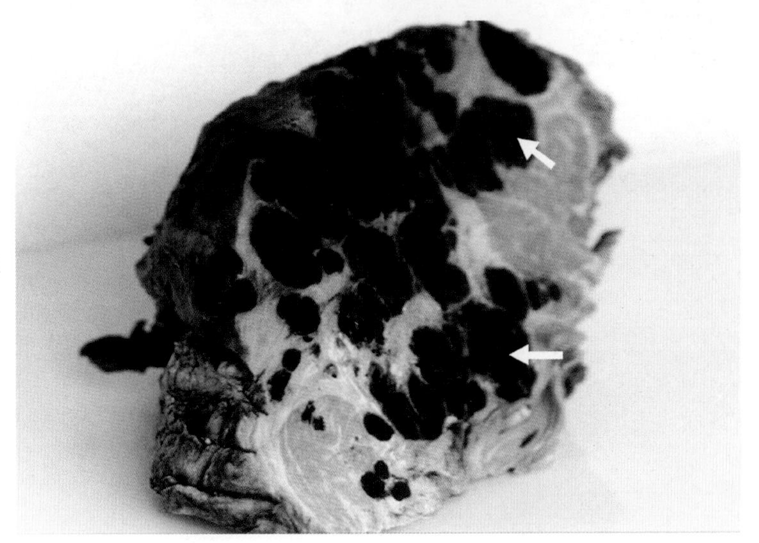

图11-9　黑色素沉着

肌肉中的黑色素瘤，瘤结节呈黑色、圆形或椭圆形（↑）

第十二章　适应与修复

一、肥大

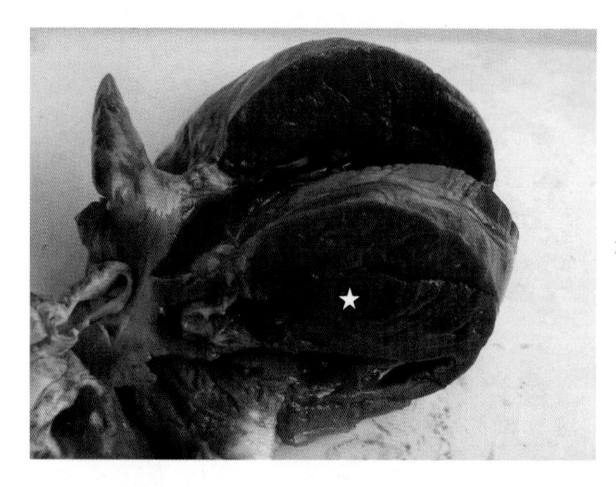

图12-1　右心肥大

右心室壁显著增厚（☆）

二、化生

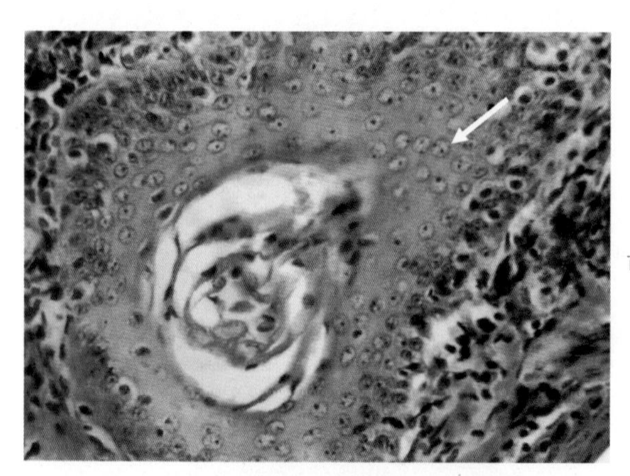

图12-2　支气管黏膜上皮化生（H.E.染色，×100）

支气管黏膜柱状上皮化生为复层鳞状上皮（↑），腔内可见角化、脱落的上皮

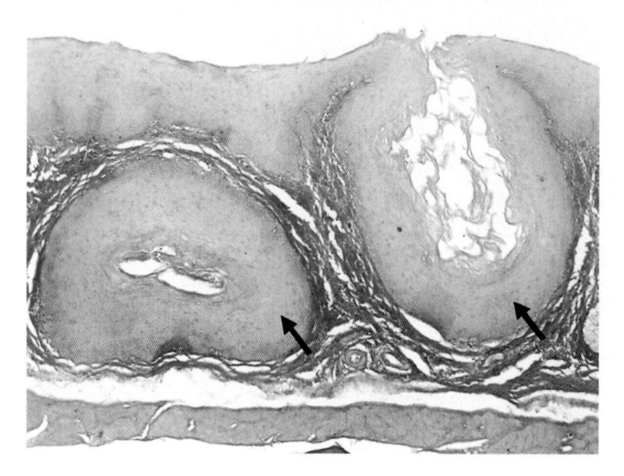

图12-3　鸡维生素A缺乏（H.E.染色，×400）

食管黏膜黏液腺化生为复层鳞状上皮并发生角化（↑）

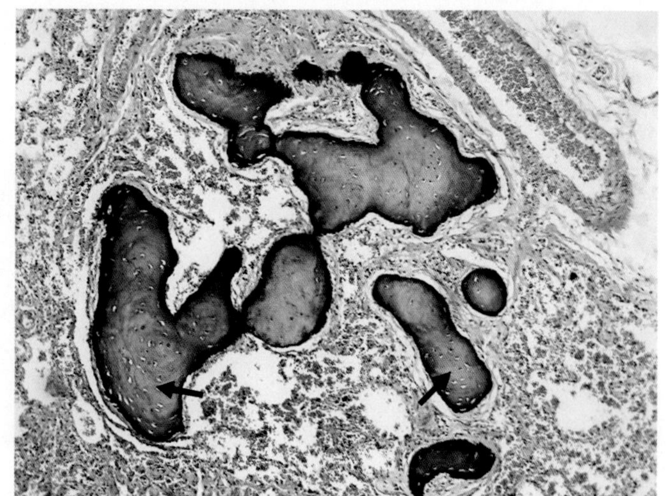

图12-4 结缔组织化生为骨组织（H.E.染色，×100）

肺内可见化生形成的骨组织，骨组织中含有骨细胞和骨基质（↑）

三、肉芽组织

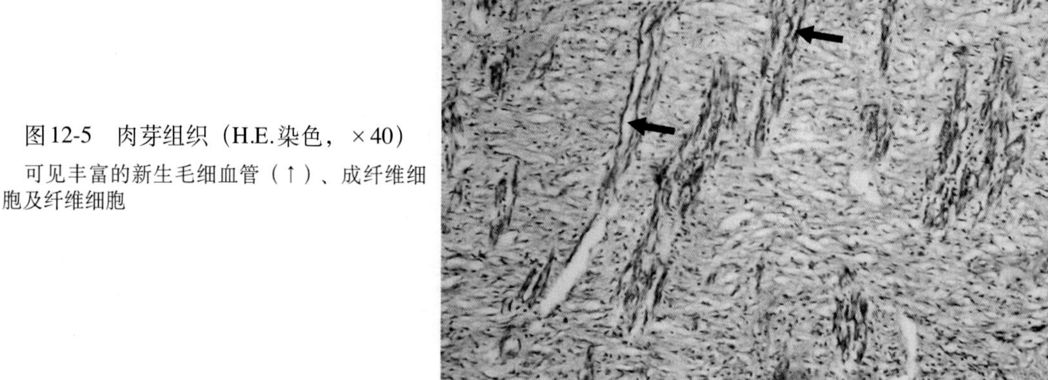

图12-5 肉芽组织（H.E.染色，×40）

可见丰富的新生毛细血管（↑）、成纤维细胞及纤维细胞

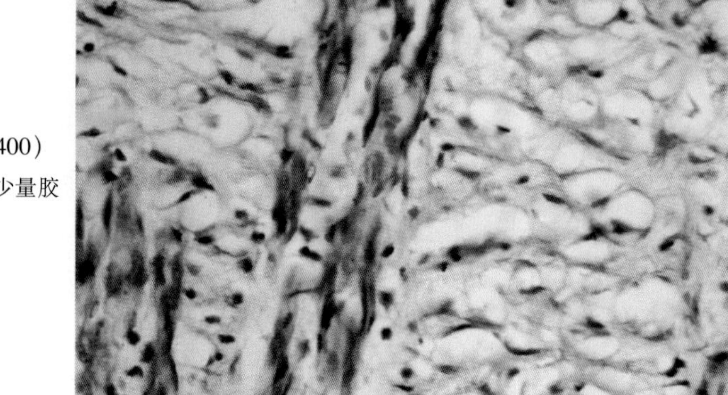

图12-6 肉芽组织（H.E.染色，×400）

主要由成纤维细胞、新生毛细血管、少量胶原纤维及炎性细胞组成

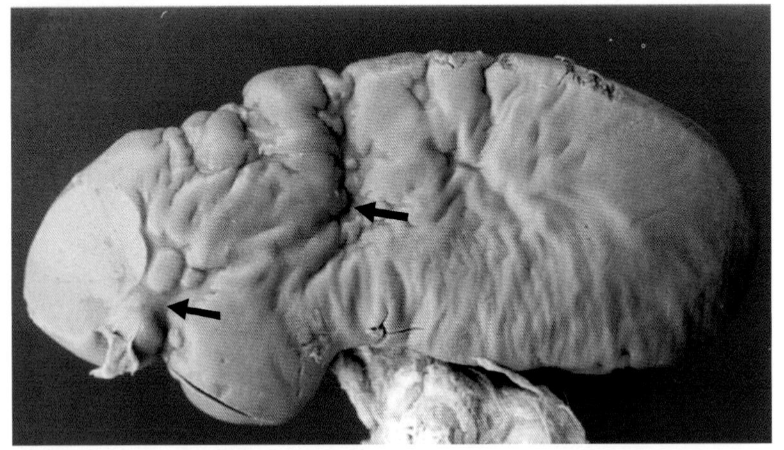

图12-7　猪肾瘢痕组织

瘢痕组织（↑）为老化的肉芽组织，瘢痕组织收缩，在肾表面形成凹陷

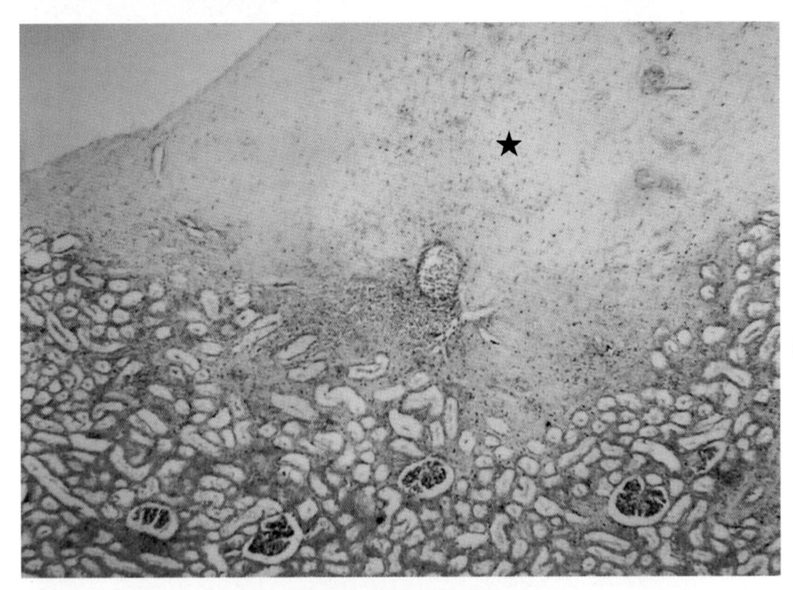

图12-8　猪肾创伤愈合（H.E.染色，×40）

瘢痕组织（★）主要由胶原纤维组成

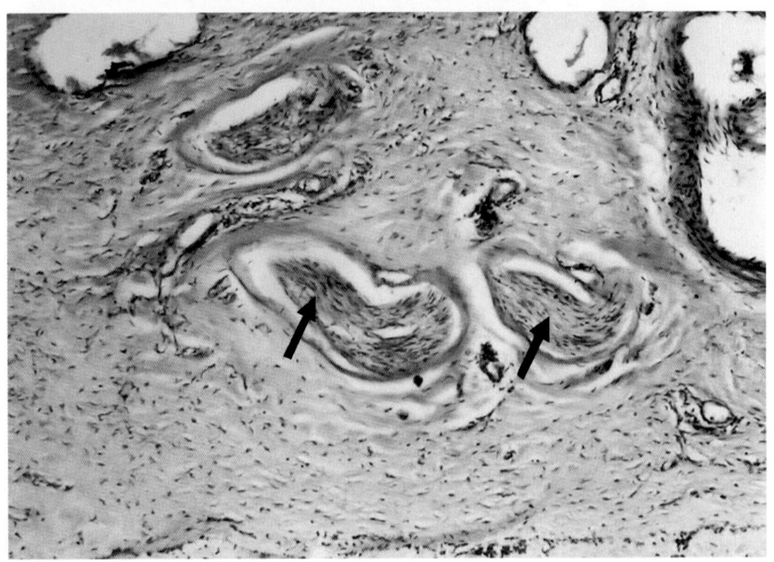

图12-9　血栓机化（H.E.染色，×200）

血栓由结缔组织取代，发生机化（↑）

第十三章　急性炎症

一、炎性细胞

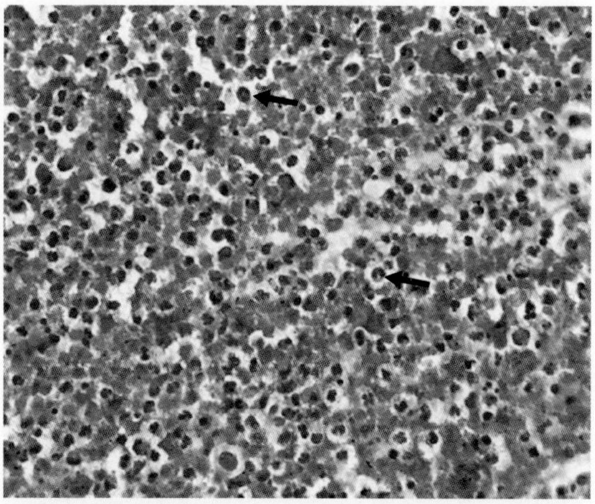

图13-1　中性粒细胞（↑）（H.E.染色，×400）

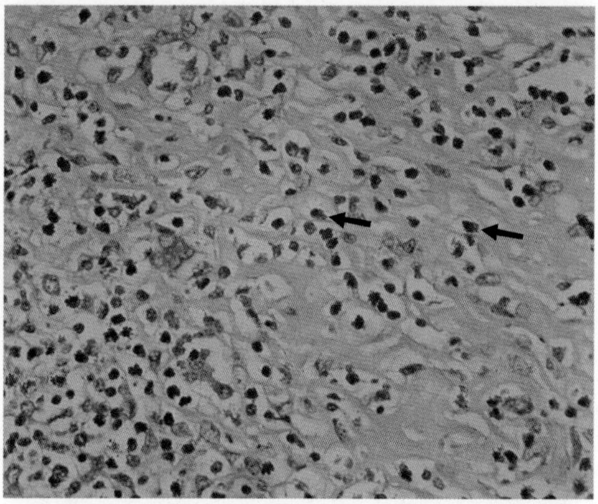

图13-2　嗜酸性粒细胞（↑）（H.E.染色，×400）

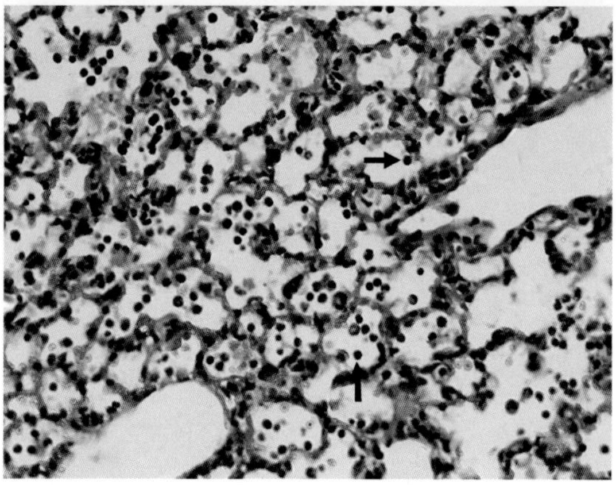

图13-3　淋巴细胞（↑）（H.E.染色，×400）

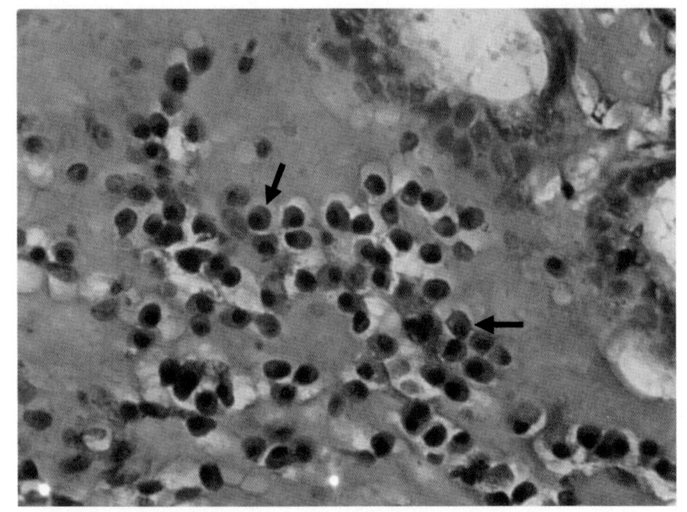

图13-4　浆细胞（↑）(H.E.染色，×400)

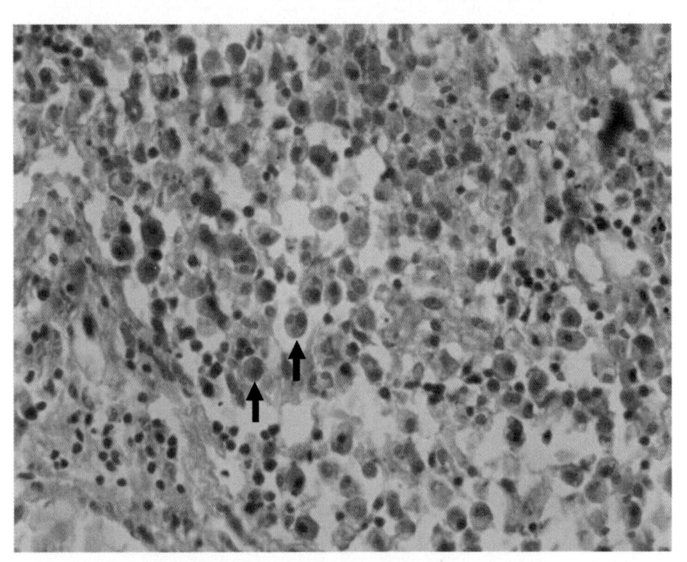

图13-5　巨噬细胞（↑）(H.E.染色，×400)

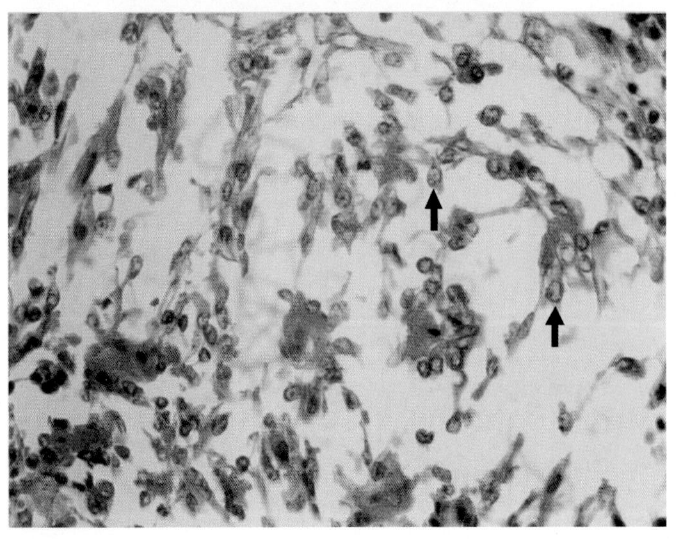

图13-6　上皮样细胞（↑）(H.E.染色，×400)

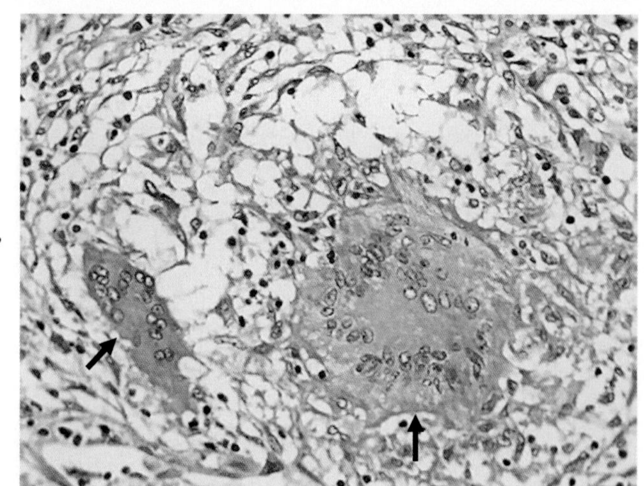

图13-7　多核巨细胞（↑）（H.E.染色，×400）

二、变质性炎症

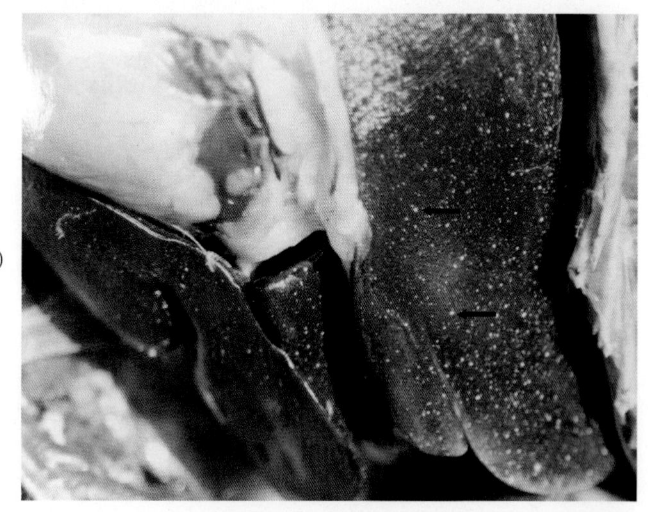

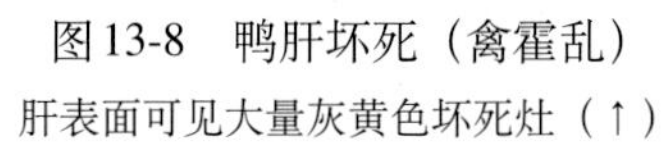

图13-8　鸭肝坏死（禽霍乱）
肝表面可见大量灰黄色坏死灶（↑）

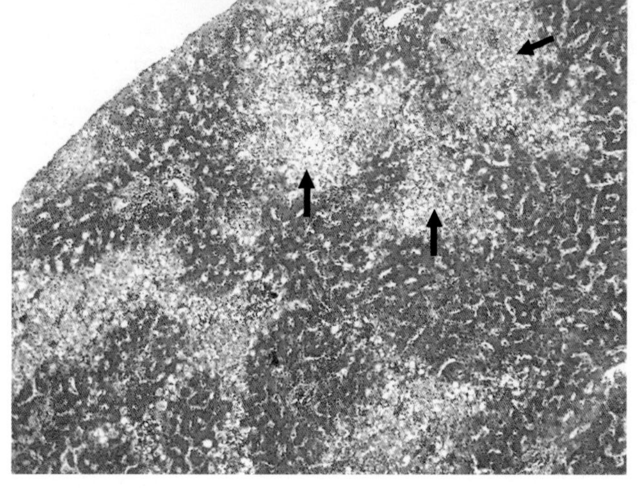

图13-9　变质性炎症（鸭病毒性肝炎）（H.E.染色，×100）
肝细胞坏死，形成坏死灶（↑）

三、渗出性炎症

图13-10 浆液性心包炎
心包腔膨胀，腔内蓄积大量浆液性渗出物（↑）

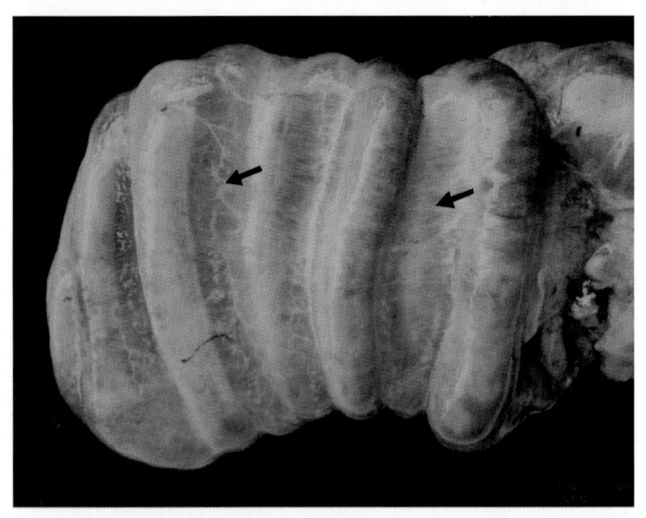

图13-11 猪结肠系膜水肿
结肠系膜水肿，呈胶冻样（↑）

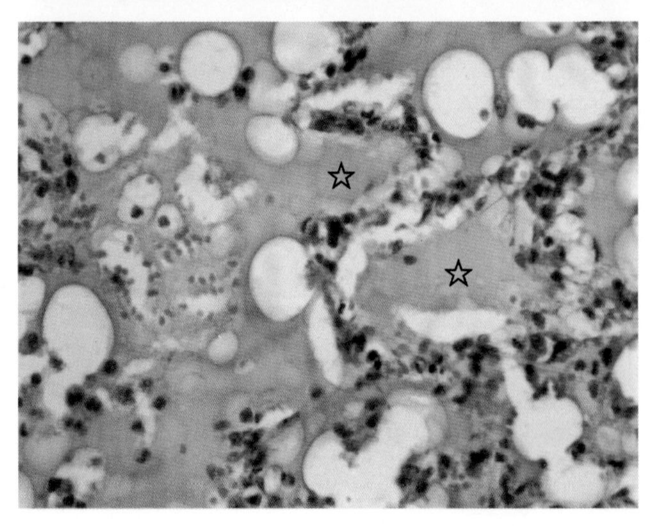

图13-12 浆液性肺炎（H.E.染色，×400）
肺泡内浆液渗出（☆）

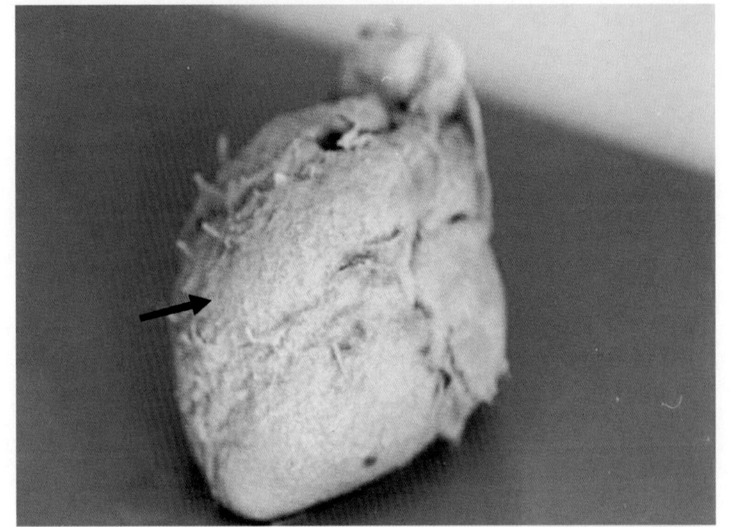

图13-13　纤维素性心包炎

心外膜纤维素渗出，表面粗糙（↑），呈绒毛状（绒毛心）

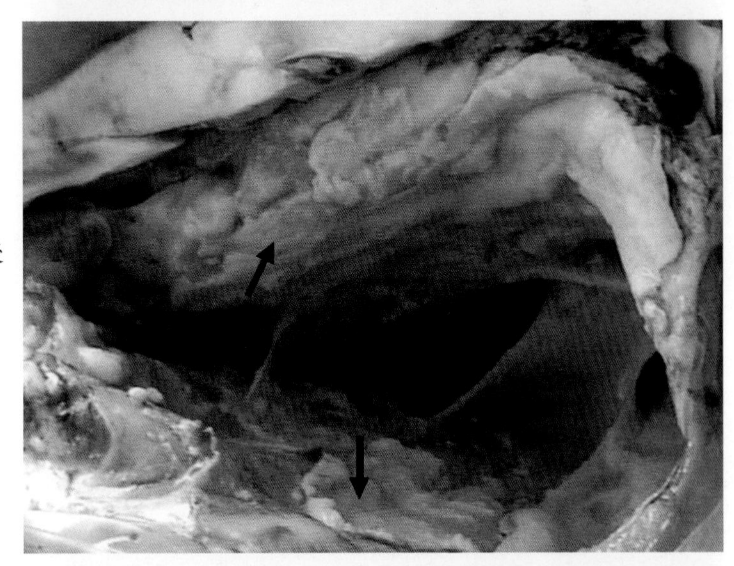

图13-14　纤维素性胸膜炎

胸腔内纤维素渗出（↑）

图13-15　纤维素性心包炎（H.E.染色，×100）

心外膜表面可见纤维素性渗出物（↑）及炎性细胞

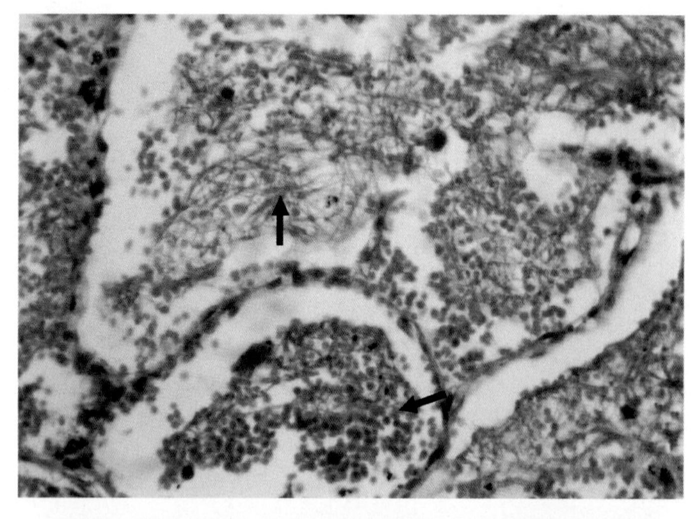

图13-16　纤维素性肺炎（H.E.染色，×400）

肺泡腔内充满纤维素、红细胞（↑）

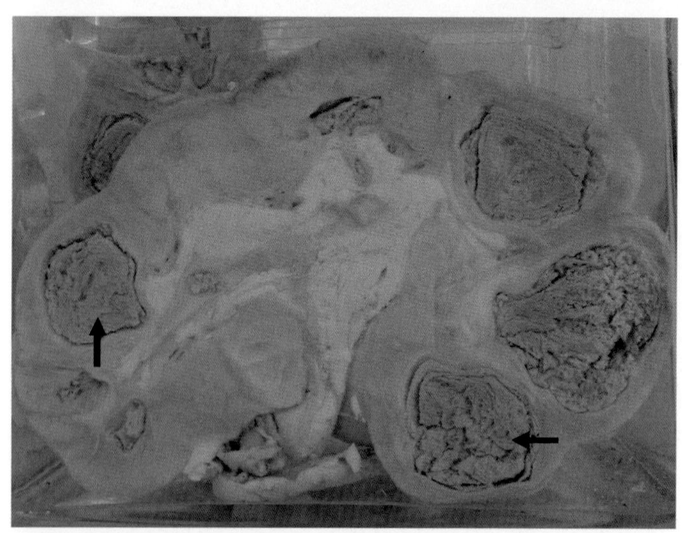

图13-17　化脓性炎症

牛肾内形成多个脓肿（↑）

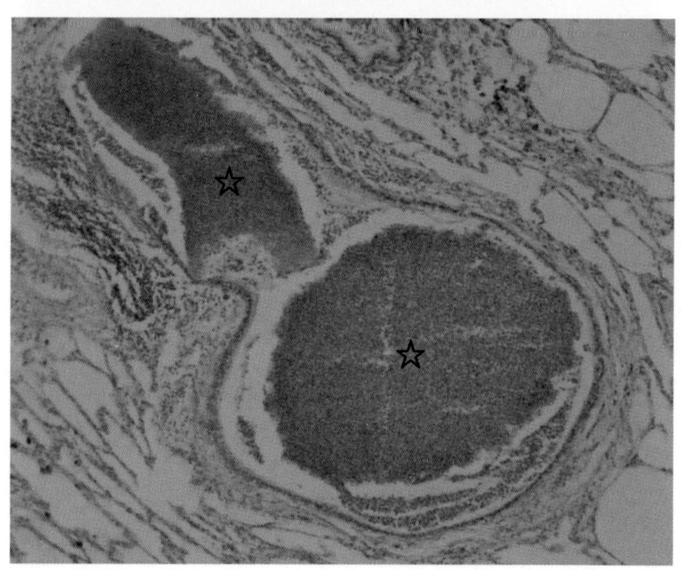

图13-18　支气管脓性卡他（H.E.染色，×100）

细支气管内蓄积有多量脓性渗出物（☆）

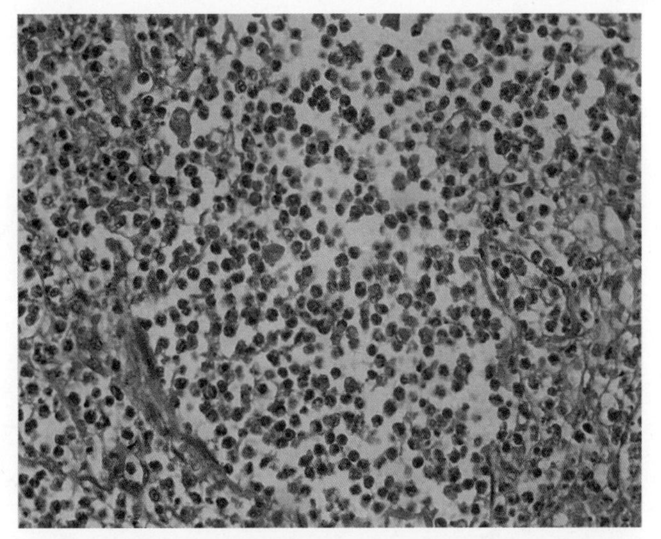

图13-19　犬化脓性肺炎（H.E.染色，×400）
肺泡腔中有大量中性粒细胞渗出

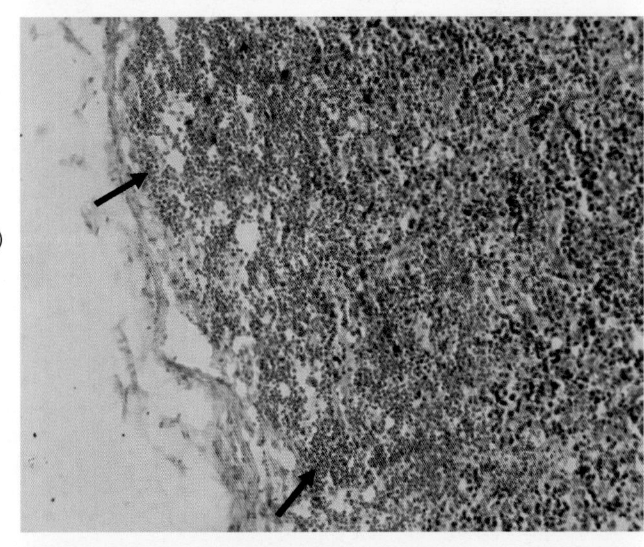

图13-20　出血性淋巴结炎（猪瘟）（H.E.染色，×100）
淋巴结周边出血（↑）

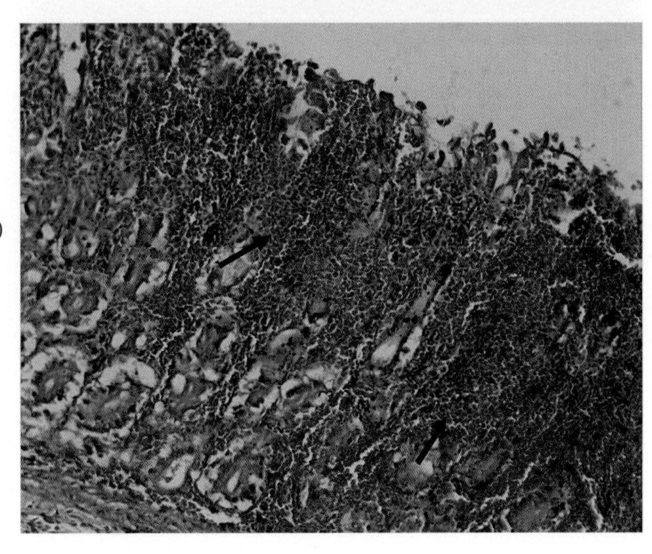

图13-21　犬出血性肠炎（H.E.染色，×200）
黏膜固有层中漏出大量红细胞（↑）

第十四章　慢性炎症

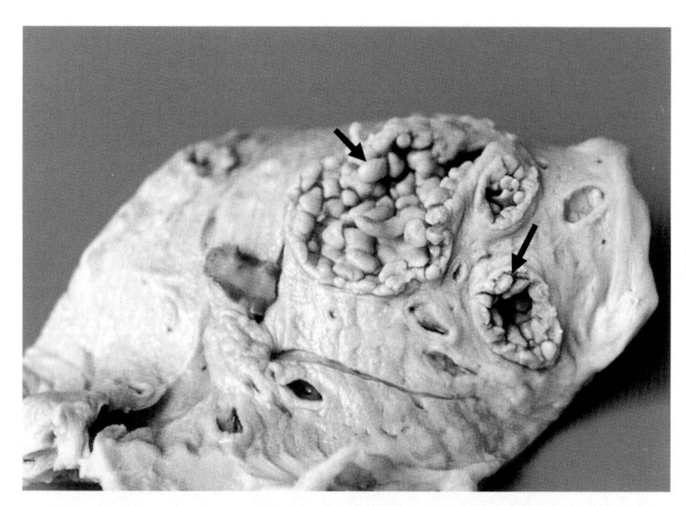

图 14-1　羊胆管黏膜息肉
胆管黏膜增生，形成很多息肉状突起（↑）

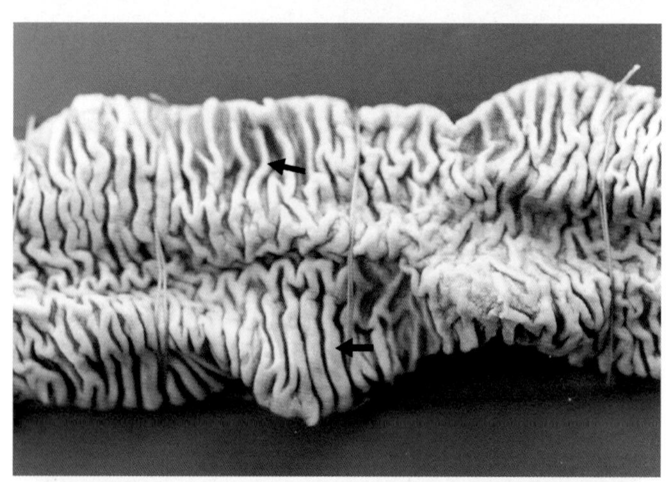

图 14-2　牛副结核性肠炎
黏膜增生形成脑回样皱褶（↑）

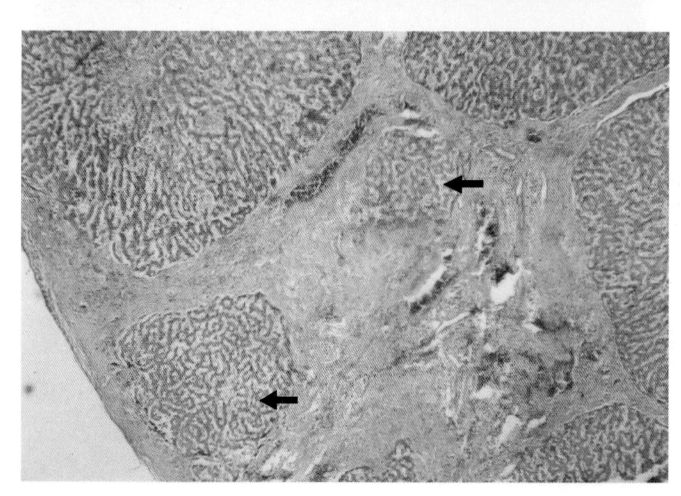

图 14-3　猪肝间质性肝炎（H.E.染色，×40）
结缔组织增生，假小叶（↑）形成

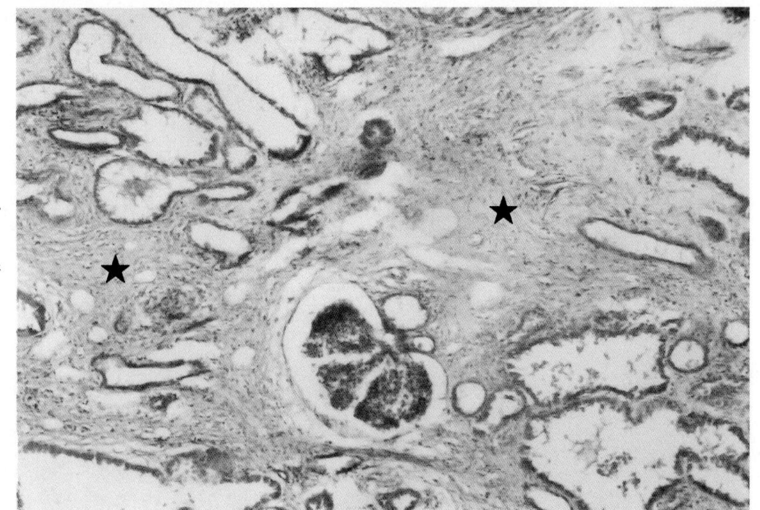

图14-4 间质性肾炎（后期）（H.E.染色，×100）

间质结缔组织增生（★），肾小管数量减少，部分肾小管扩张

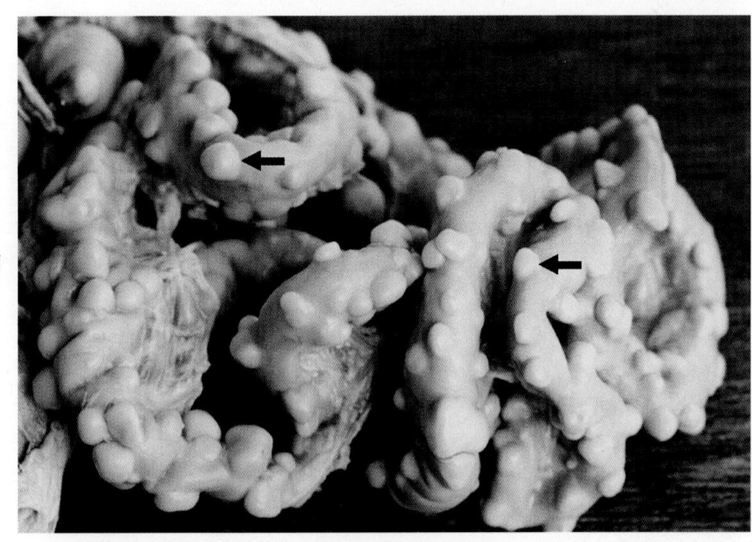

图14-5 传染性肉芽肿（鸡结核病）

小肠浆膜上散布黄豆大或绿豆大圆形结核结节（↑）

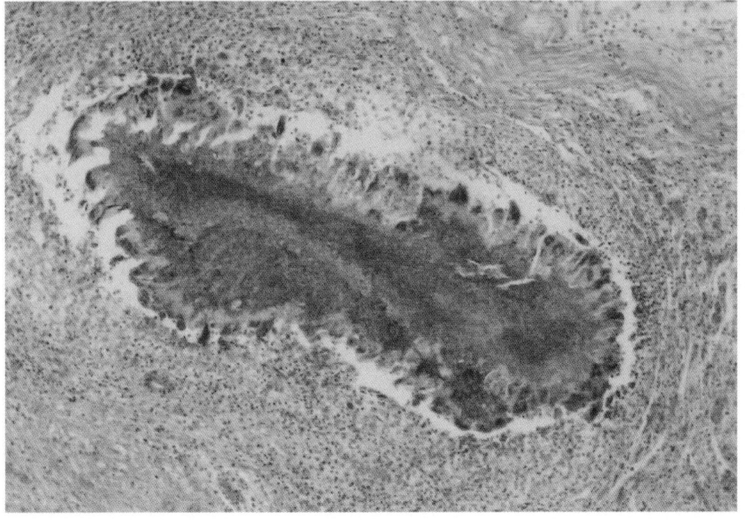

图14-6 鸡肝结核结节（H.E.染色，×40）

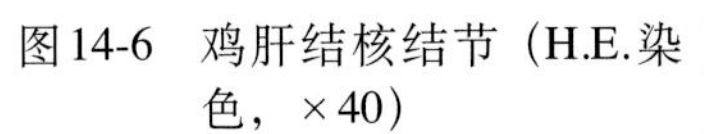

结节中心坏死，外周为上皮样细胞和多核巨细胞，最外层为普通肉芽组织

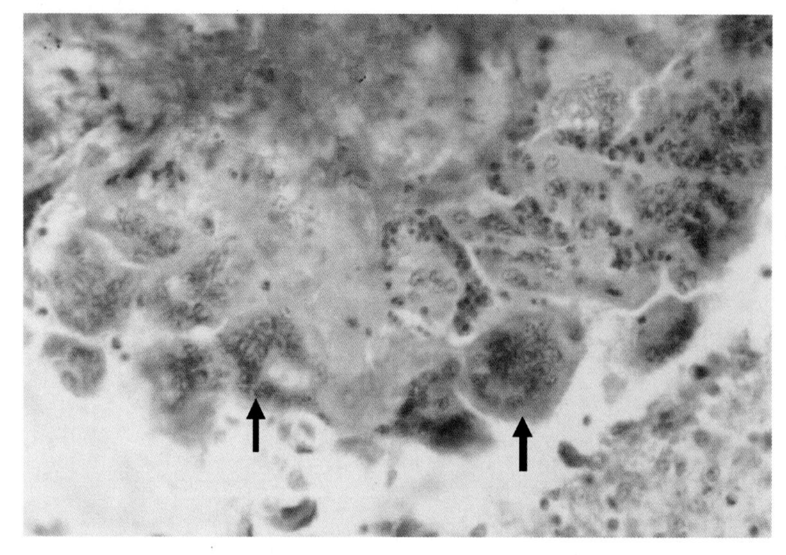

图14-7　鸡肝结核（H.E.染色，×400）

坏死周围有多核巨细胞（↑）

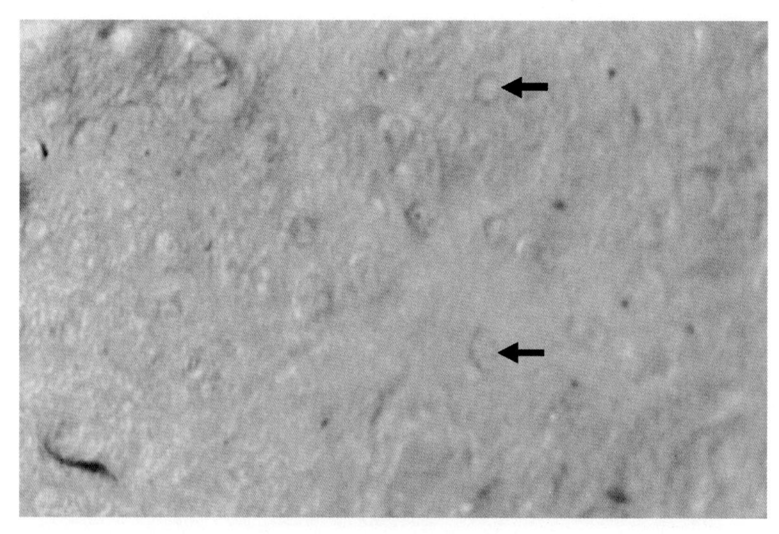

图14-8　乳腺传染性肉芽肿（猪放线菌病）

乳腺切面上可见大小不一的放线菌性肉芽肿（↑）

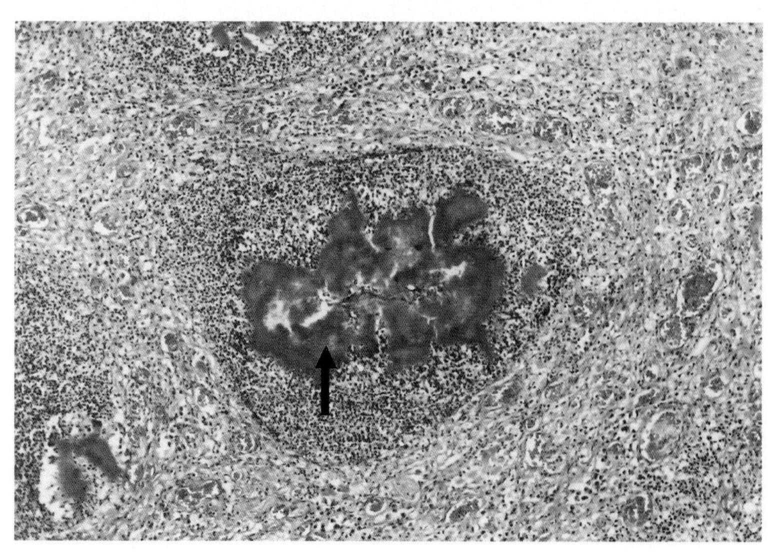

图14-9　猪乳腺肉芽肿（放线菌病）（H.E.染色，×100）

化脓性肉芽肿形成，中心是放线菌菌块，呈紫红色（↑），周围有大量上皮样细胞和中性粒细胞

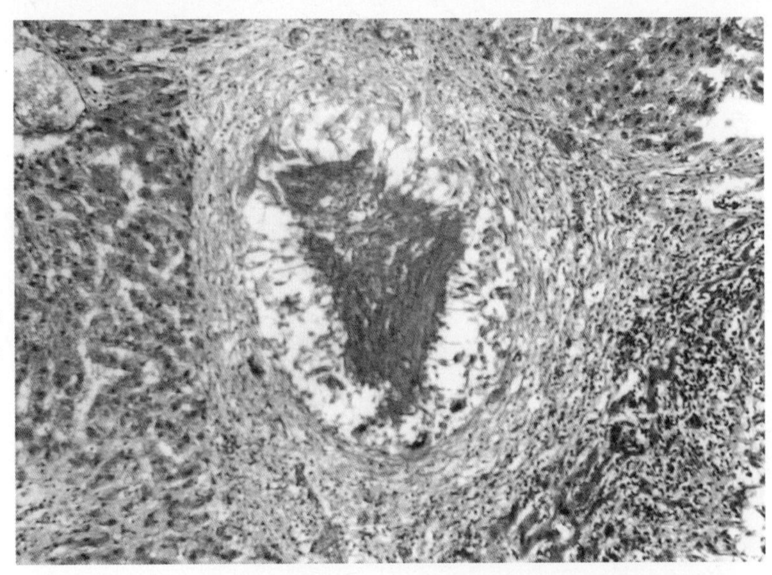

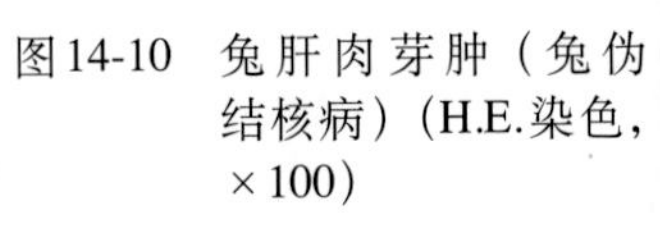

图14-10　兔肝肉芽肿（兔伪结核病）（H.E.染色，×100）

肉芽肿中心坏死，外周为上皮样细胞和多核巨细胞，最外层为普通肉芽组织

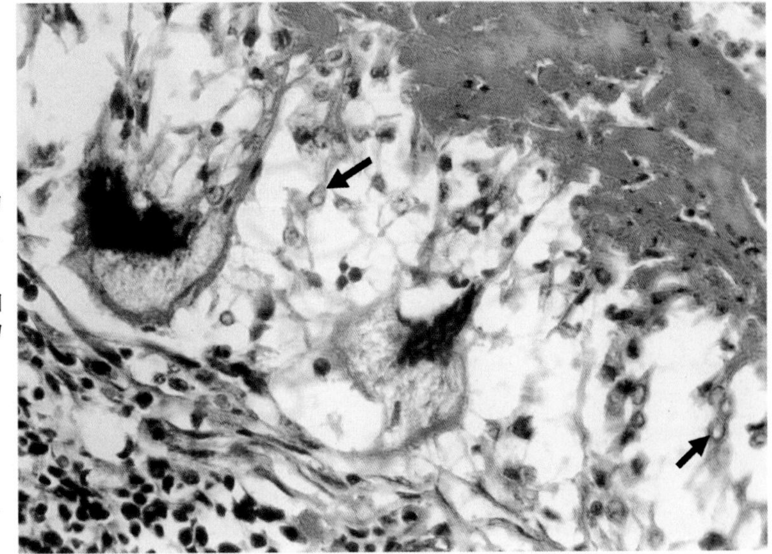

图14-11　兔肝肉芽肿（兔伪结核病）（H.E.染色，×400）

右上角为坏死，中间为上皮样细胞（↑）和多核巨细胞，左下角为普通肉芽组织

第十五章 肿 瘤

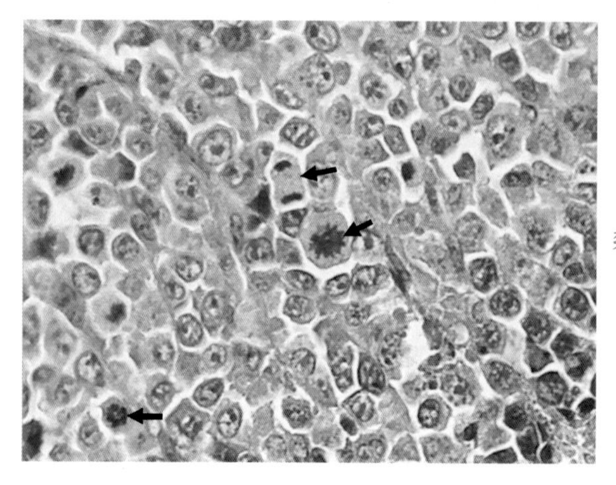

图15-1 病理性核分裂象（H.E.染色，×200）

核分裂象多见，出现不对称性、多极性等病理性核分裂象（↑）

一、良性肿瘤

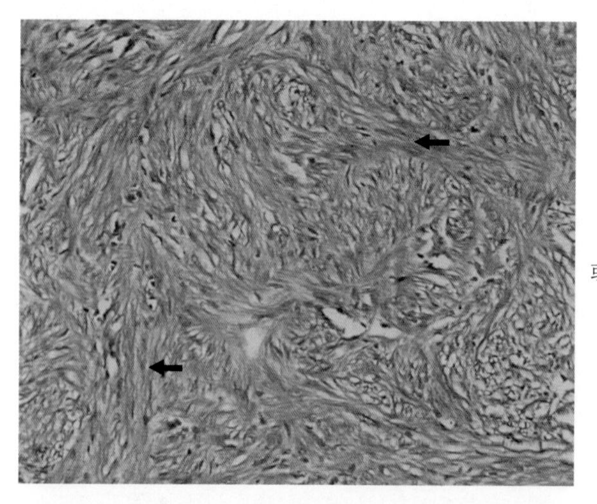

图15-2 纤维瘤（H.E.染色，×200）

肿瘤组织与正常纤维结缔组织相似，但排列呈编织状或漩涡状（↑）

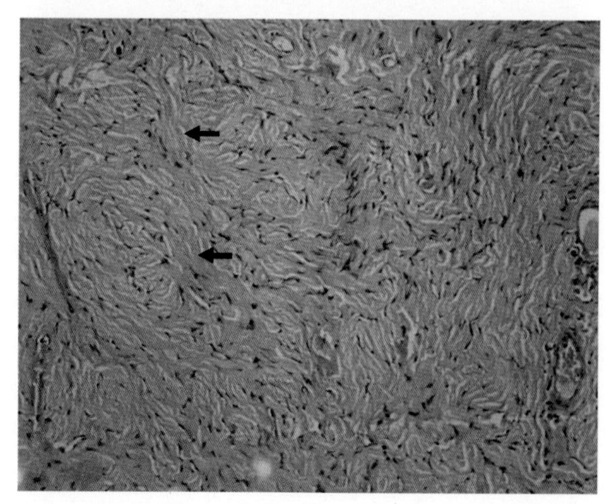

图15-3 硬性纤维瘤（H.E.染色，×100）

肿瘤组织中含有多量胶原纤维束（↑）

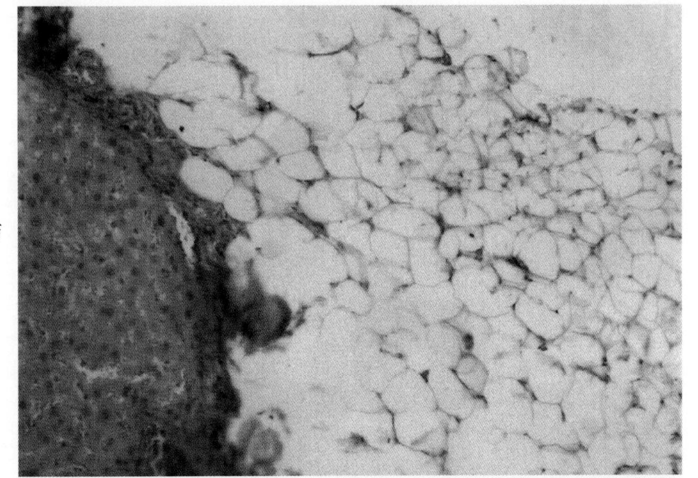

图15-4　肝脂肪瘤（H.E.染色，×200）

右侧为脂肪瘤，左侧为肝组织，瘤细胞与正常脂肪细胞相似

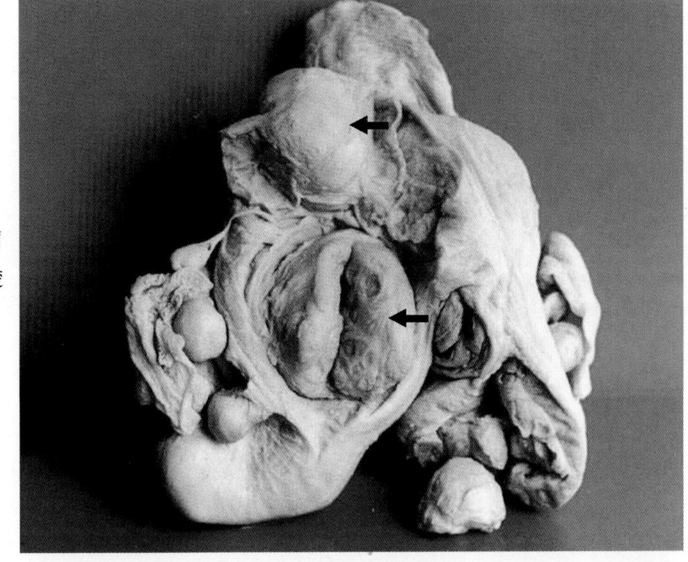

图15-5　牛子宫平滑肌瘤

肿瘤呈球形（↑），界限清楚

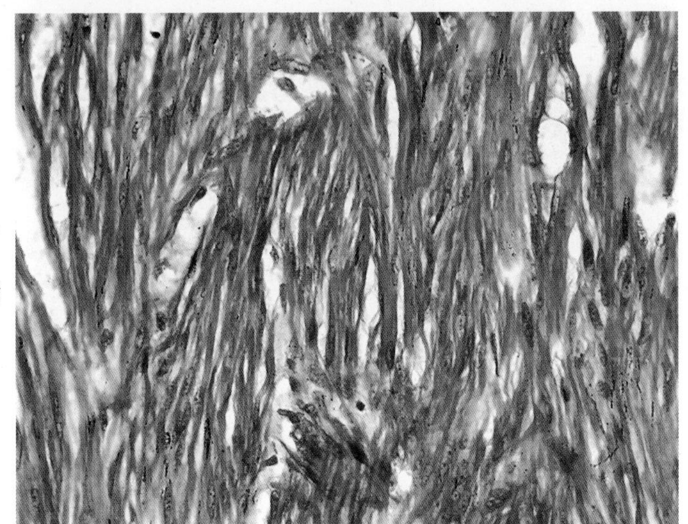

图15-6　犬子宫平滑肌瘤（H.E.染色，×400）

肿瘤细胞与平滑肌细胞相似，但排列纵横交错，呈漩涡状

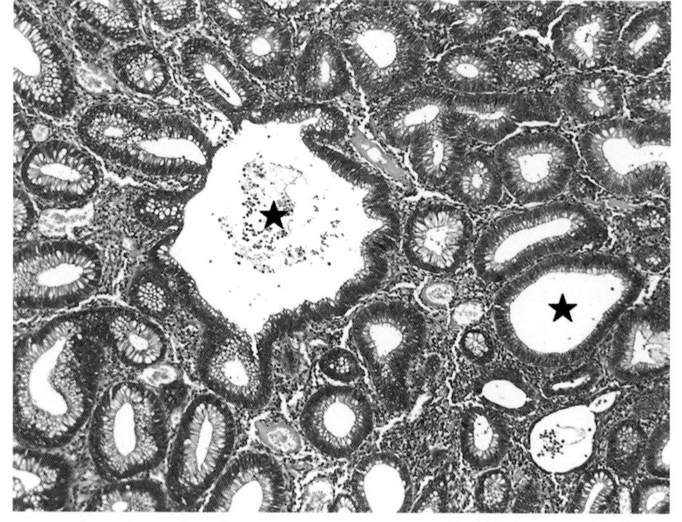

图15-7　肠腺瘤（H.E.染色，×100）

由大量腺泡构成（★），腺泡大小不等、形状不规则

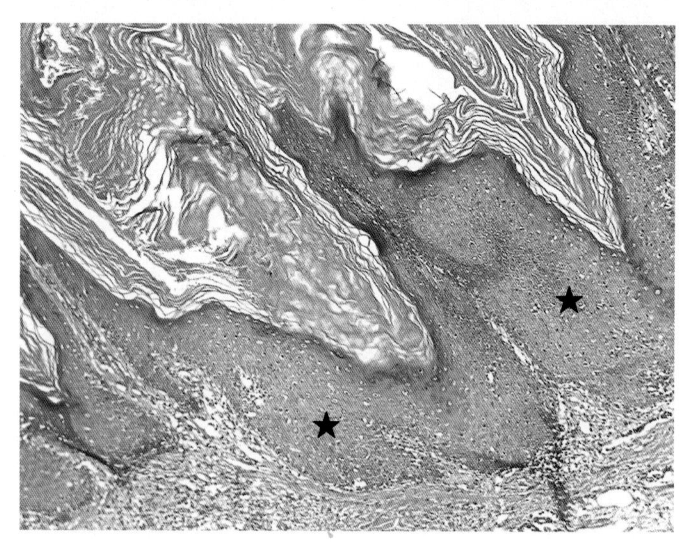

图15-8　鳞状上皮乳头状瘤（H.E.染色，×40）

瘤细胞与正常的鳞状上皮相似，但增生明显，表皮较厚（★），过度角化

二、恶性肿瘤

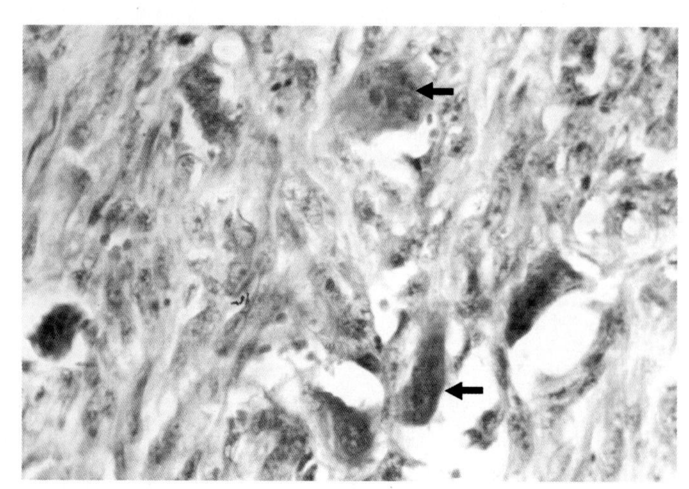

图15-9　牛肾纤维肉瘤（H.E.染色，×400）

肿瘤细胞为异型性明显的成纤维细胞，排列成束状或漩涡状，可见瘤巨细胞（↑）

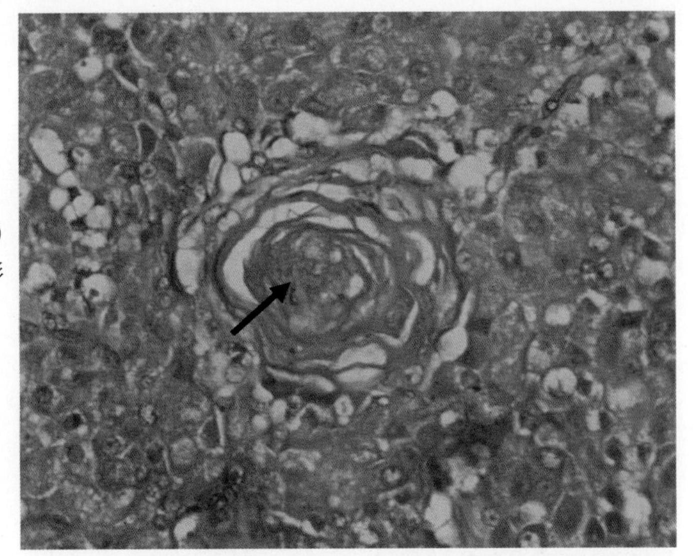

图 15-10　鳞状细胞癌（H.E.染色，×400）

分化程度好的癌巢中心发生角化（↑），形成癌珠（角化珠）

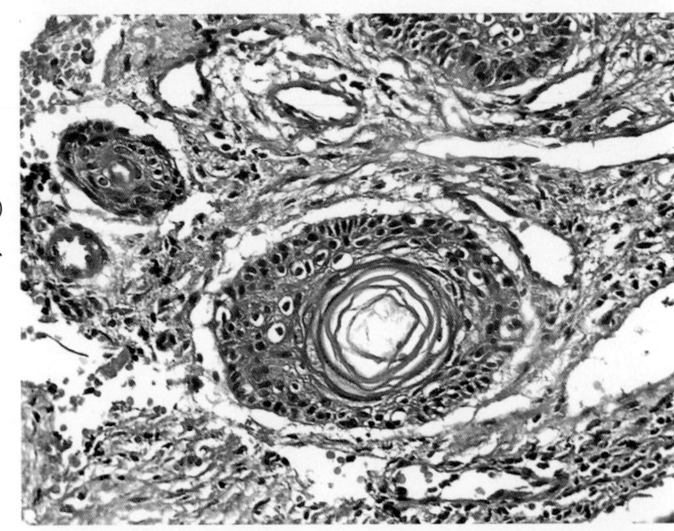

图 15-11　鳞状细胞癌（H.E.染色，×400）

癌巢中心是癌珠，癌珠周围是颗粒细胞层、棘细胞层，最外层是基底细胞层

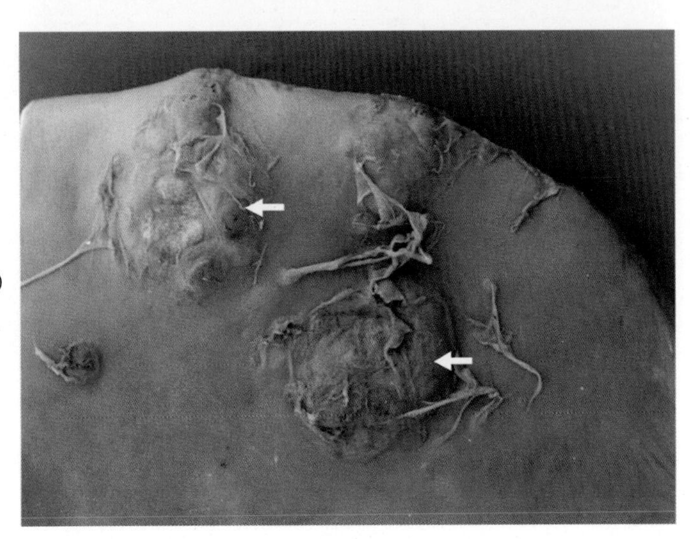

图 15-12　猪肝癌

肿瘤突出于肝表面，呈结节状（↑）

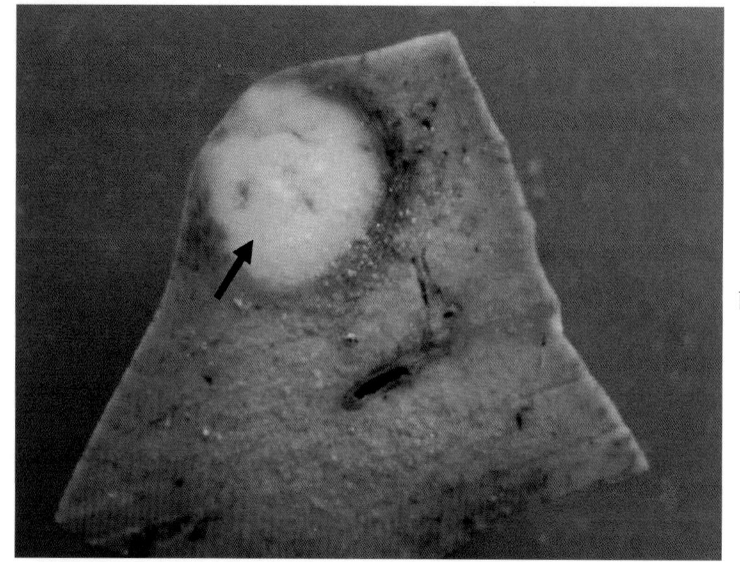

图15-13　犬肝癌

肿瘤呈结节状、灰白色，突出于肝表面（↑）

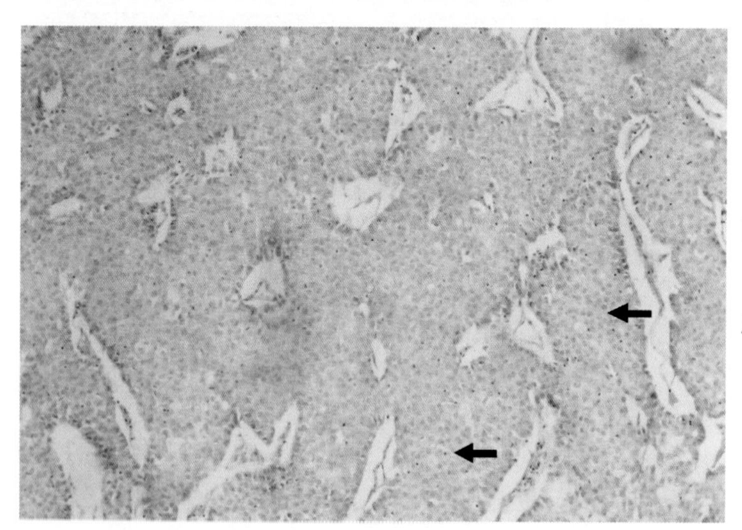

图15-14　猪肝癌（条索型）(H.E.染色，×100)

肝癌细胞排列成条索状，条索较正常肝索显著增宽（↑）

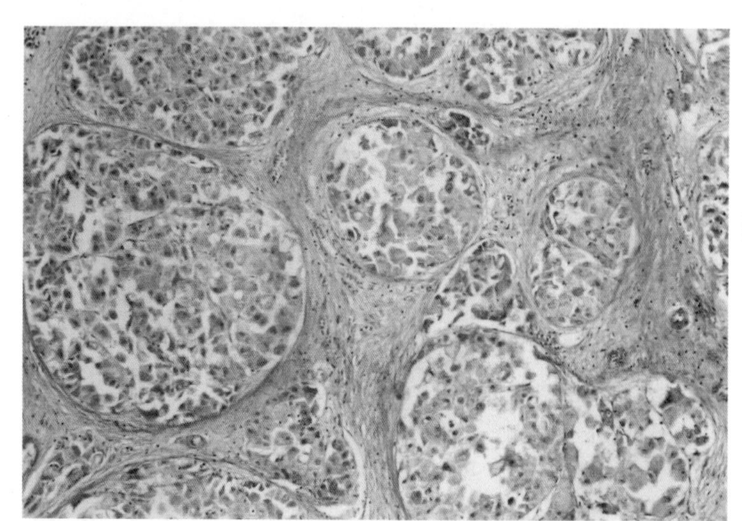

图15-15　猪肝癌（团巢型）(H.E.染色，×100)

癌细胞形成团块，团块周围形成包膜

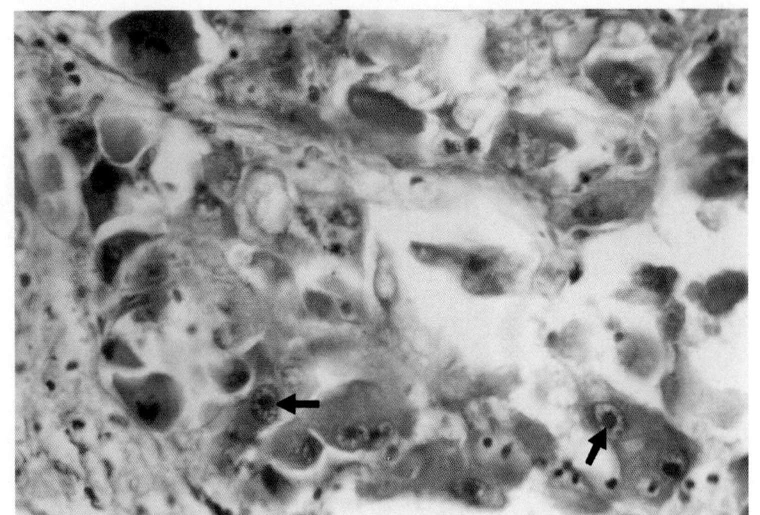

图15-16 猪肝癌细胞（H.E.染色，×400）

癌细胞的异型性：细胞大小不一，核大、浓染，核仁肥大（↑）等

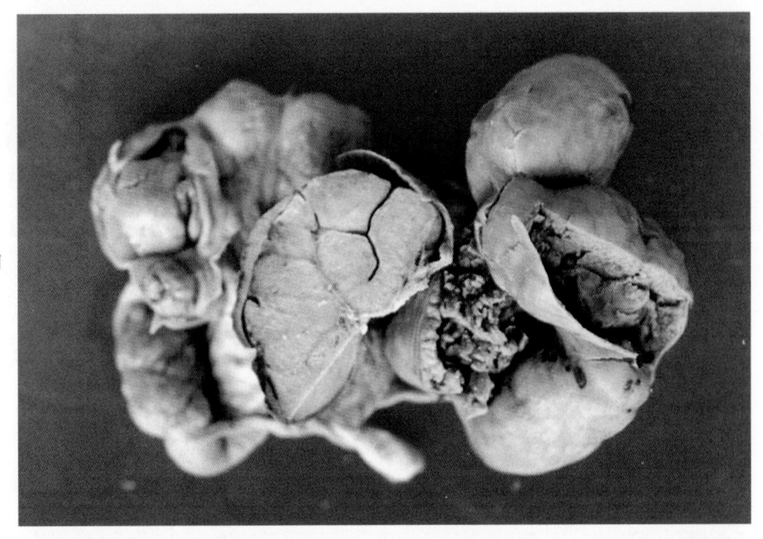

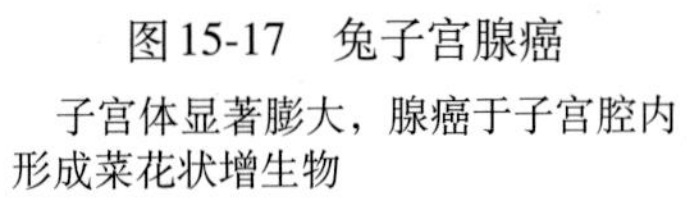

图15-17 兔子宫腺癌

子宫体显著膨大，腺癌于子宫腔内形成菜花状增生物

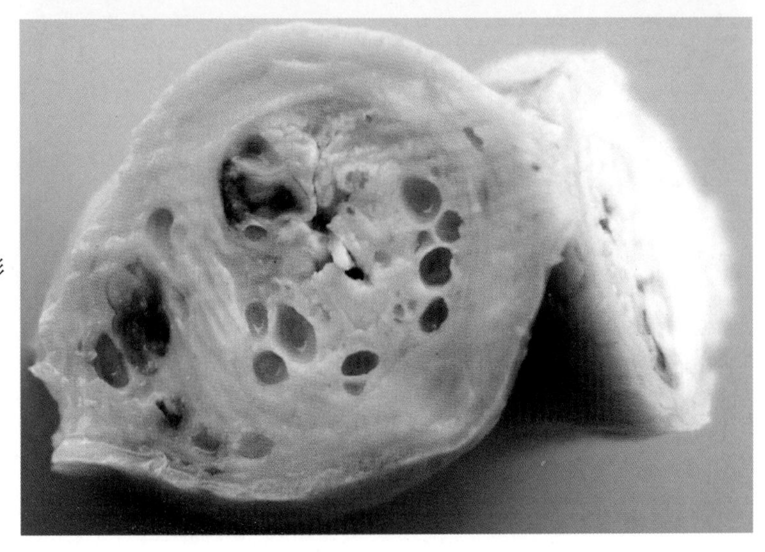

图15-18 犬子宫腺癌

子宫腔内形成肿瘤，肿瘤组织中形成许多囊腔

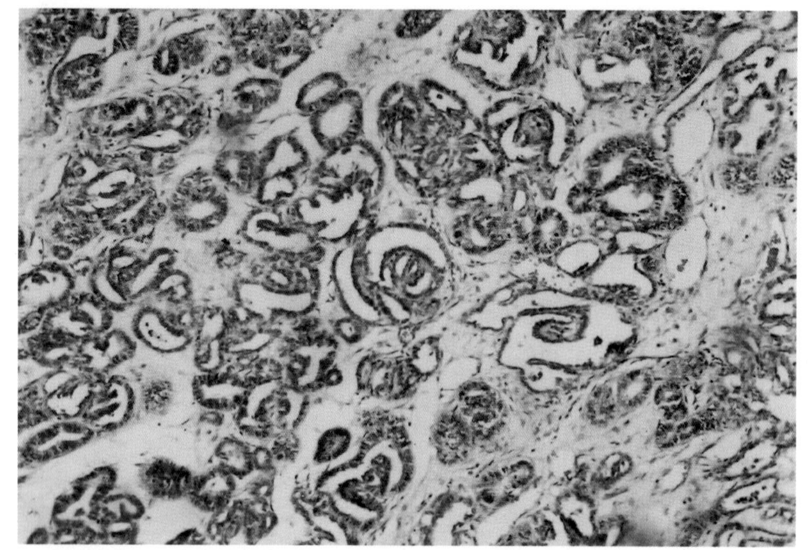

图15-19　兔子宫腺癌（H.E.染色，×100）

腺癌由大量腺体组成，腺腔不规则，腺体大小不一，肿瘤细胞形成乳头状突起，腺上皮多层，核浓染

图15-20　鸭肠腺癌

腺癌向肠腔突起，呈花椰菜状，表面出血

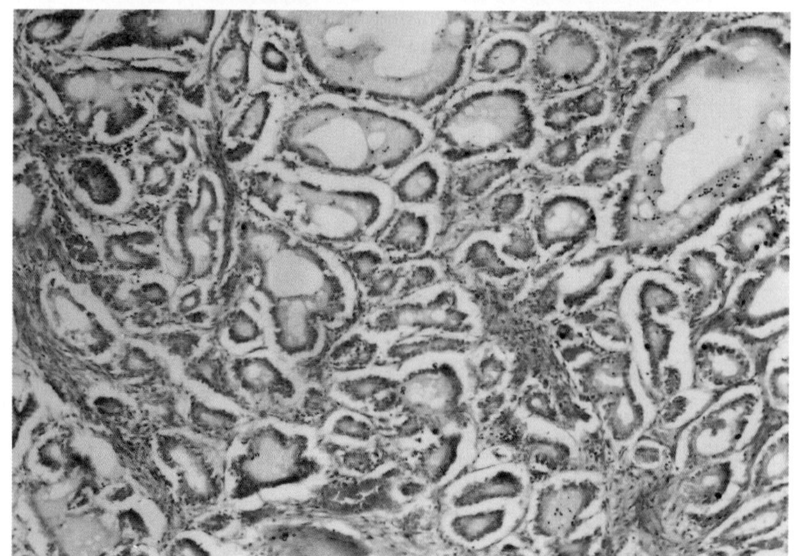

图15-21　猪筛窦腺癌（H.E.染色，×100）

癌细胞形成腺样结构，大小不等，形状不一，癌细胞排列成多层

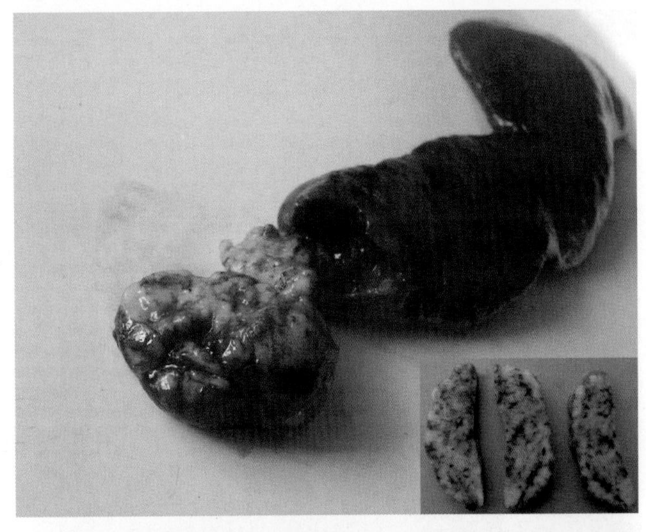

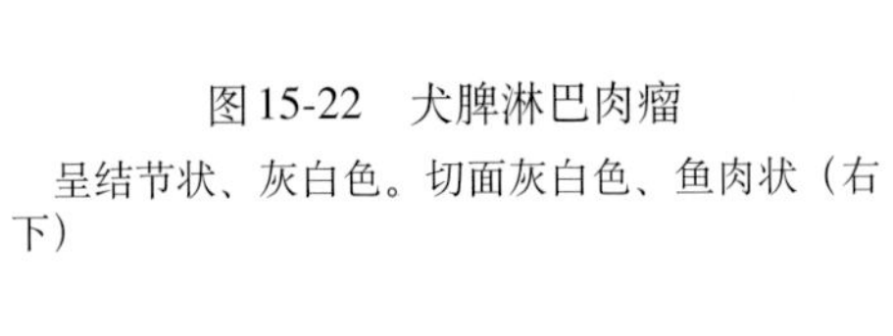

图 15-22　犬脾淋巴肉瘤

呈结节状、灰白色。切面灰白色、鱼肉状（右下）

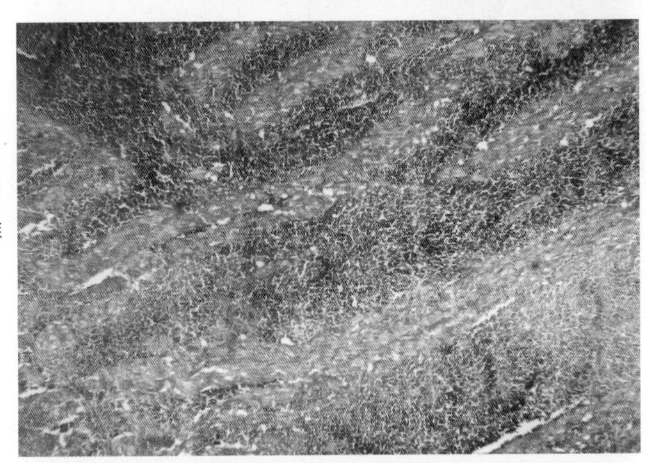

图 15-23　牛心肌淋巴肉瘤（H.E.染色，×40）

心肌纤维间有大量淋巴样肿瘤细胞，心肌纤维萎缩、断裂

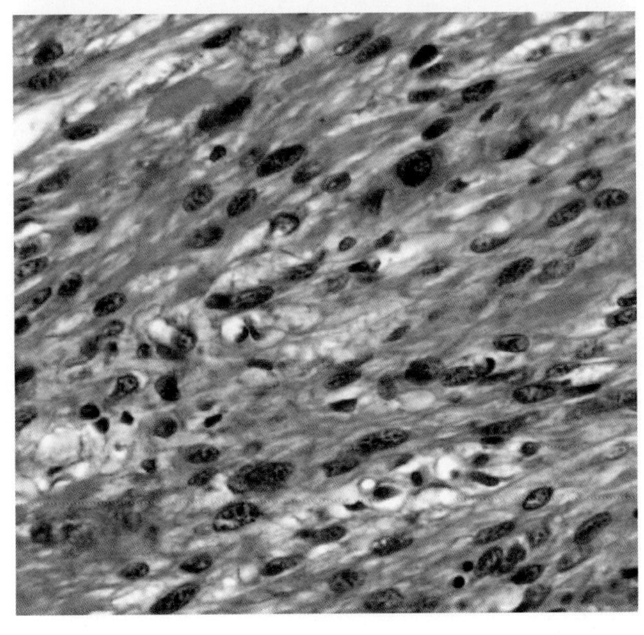

图 15-24　平滑肌肉瘤（H.E.染色，×400）

瘤细胞呈长梭形，核大小不一，异型性明显

第十六章　器官病理

一、心血管系统

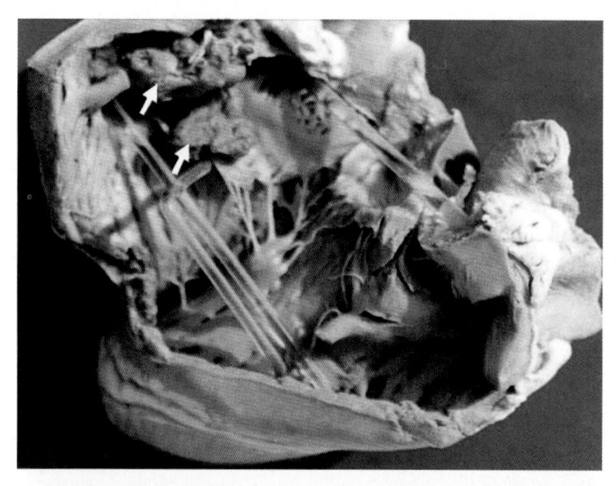

图 16-1　疣性心内膜炎

右心三尖瓣上形成白色血栓，血栓机化后形成赘生物（↑）

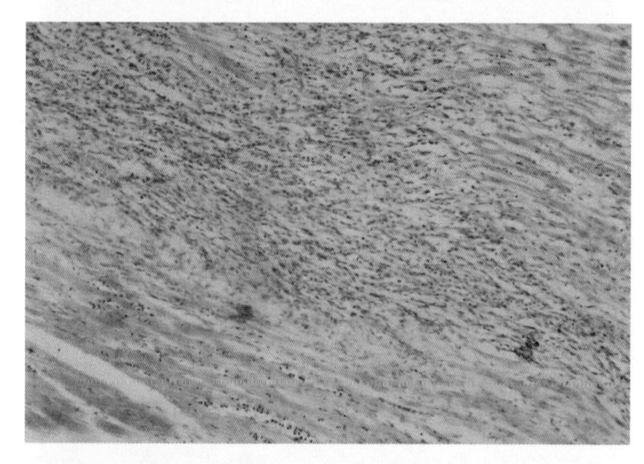

图 16-2　间质性心肌炎（H.E.染色，×100）

心肌纤维减少，间质中成纤维细胞增生、炎性细胞浸润

图 16-3　纤维素性心包炎

心外膜纤维素渗出，表面粗糙，呈绒毛状（绒毛心）

二、呼吸系统

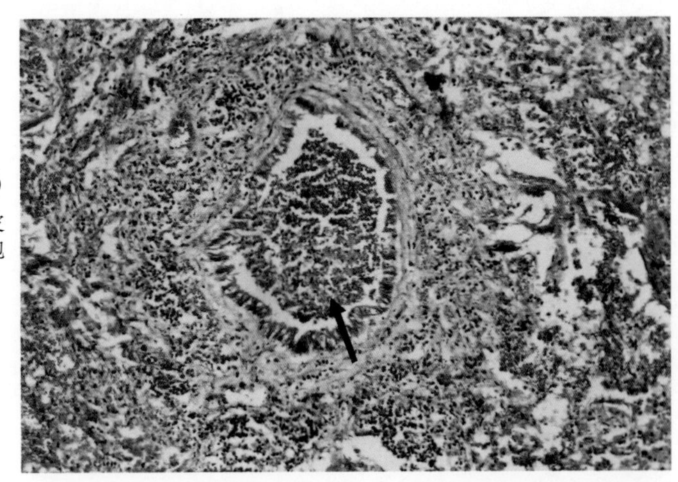

图 16-4　牛支气管肺炎（H.E.染色，×100）

支气管管腔内充满炎性细胞、脱落的上皮细胞等（↑），支气管周围肺泡腔中炎性细胞渗出

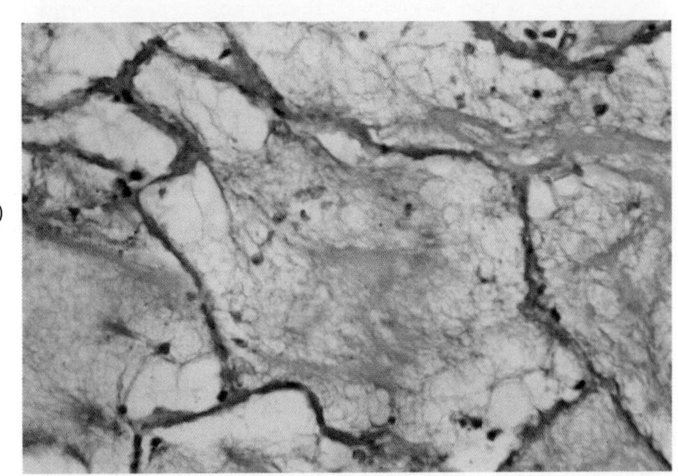

图 16-5　纤维素性肺炎（H.E.染色，×400）

肺泡腔内充满纤维素、白细胞

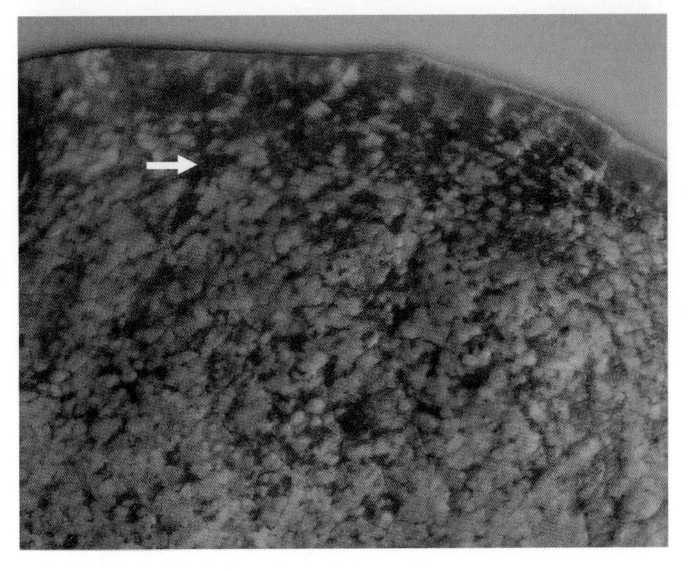

图 16-6　间质性肺炎

肺炎区质地较实，呈深红色、灰红色（↑）

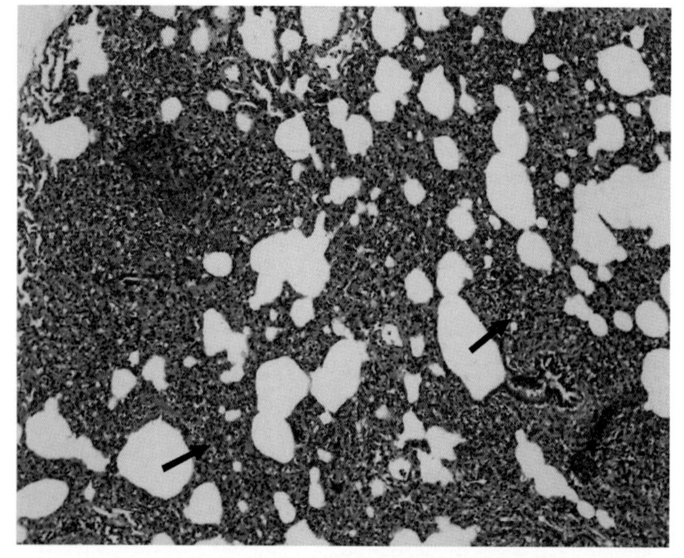

图16-7　猪间质性肺炎（H.E.染色，×100）
肺泡隔明显增宽，炎性细胞浸润（↑）

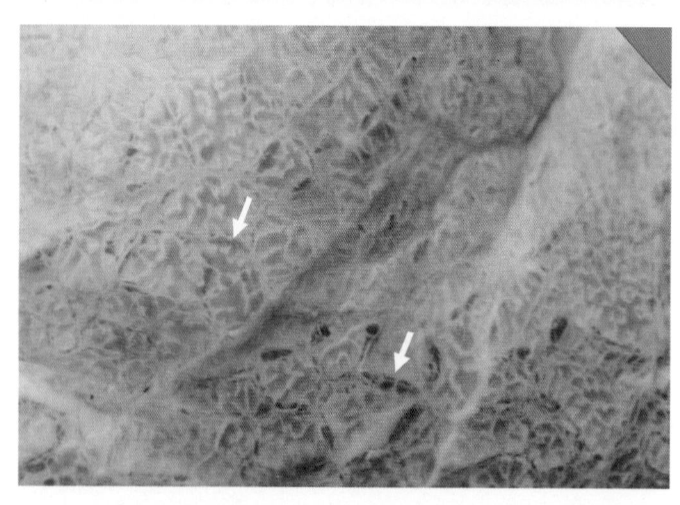

图16-8　牛间质性肺气肿
肺胸膜下形成大的囊泡（↑）

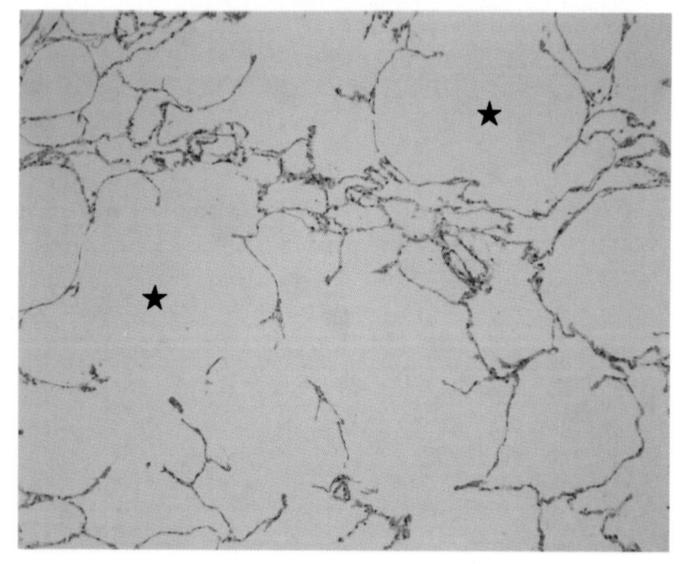

图16-9　熊猫肺泡性肺气肿（H.E.染色，×100）
肺泡扩张，肺泡隔变薄、断裂，肺泡融合形成大囊泡（★）

三、消化系统

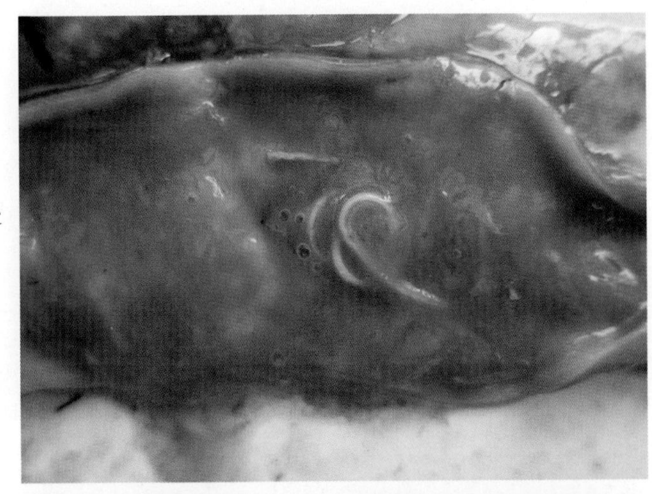

图16-10　卡他性肠炎
黏膜表面附有大量黏液

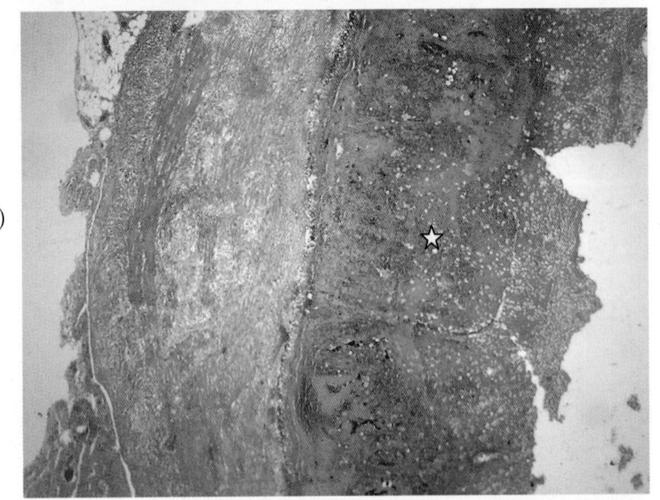

图16-11　坏死性肠炎（H.E.染色，×40）
盲肠黏膜层坏死（☆）

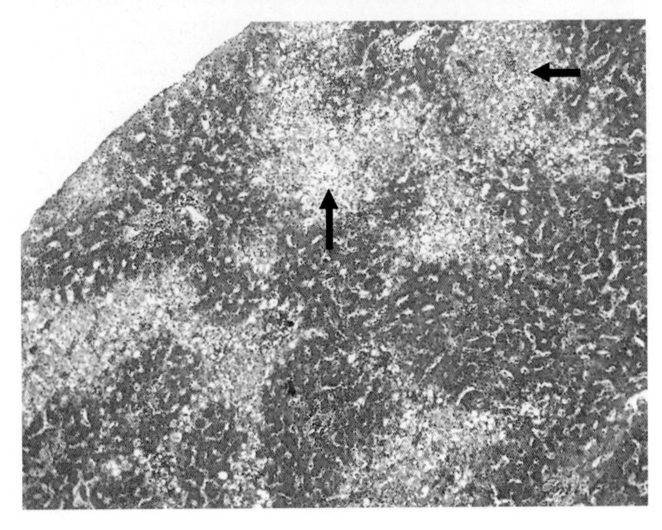

图16-12　病毒性肝炎（H.E.染色，×100）
肝细胞变性、坏死（↑），炎性细胞浸润

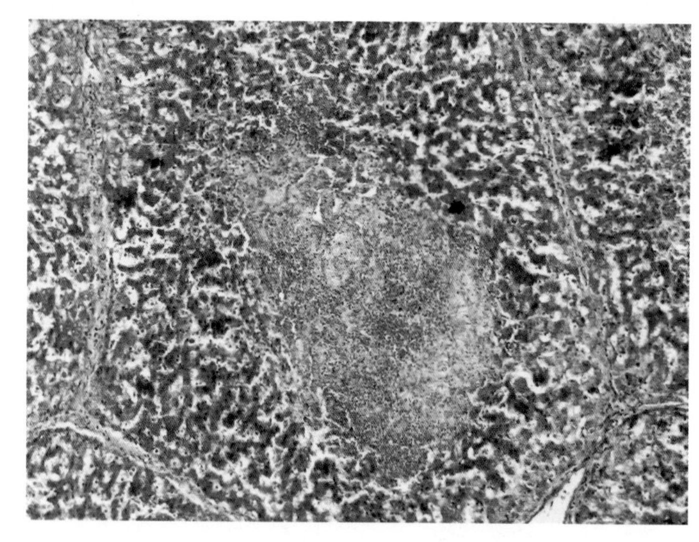

图16-13　急性中毒性肝炎（H.E.染色，×400）

肝小叶中央坏死，肝细胞崩解消失，坏死灶内有大量红细胞蓄积

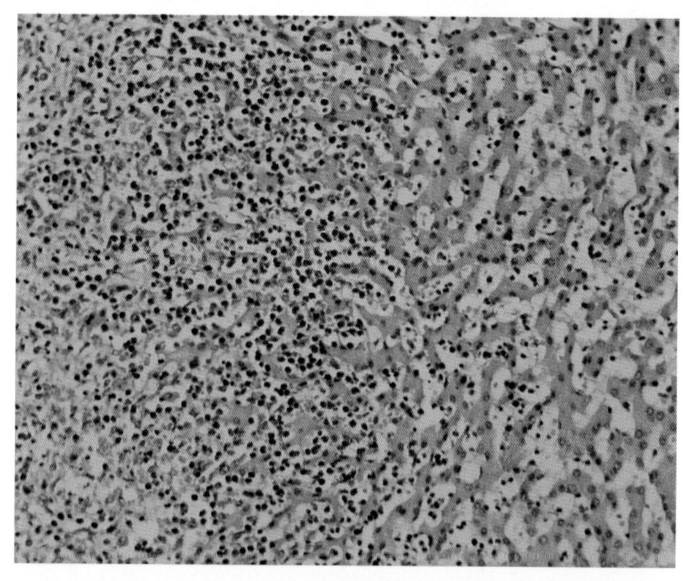

图16-14　寄生虫性肝炎（H.E.染色，×200）

大量嗜酸性粒细胞浸润

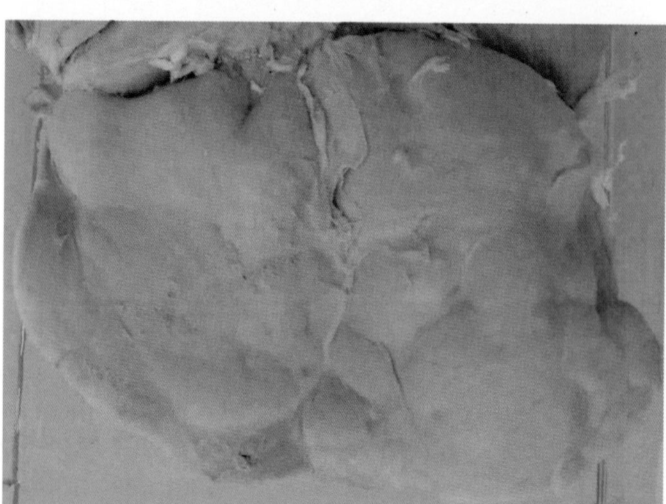

图16-15　羊肝硬变

肝体积缩小，肝表面凹凸不平

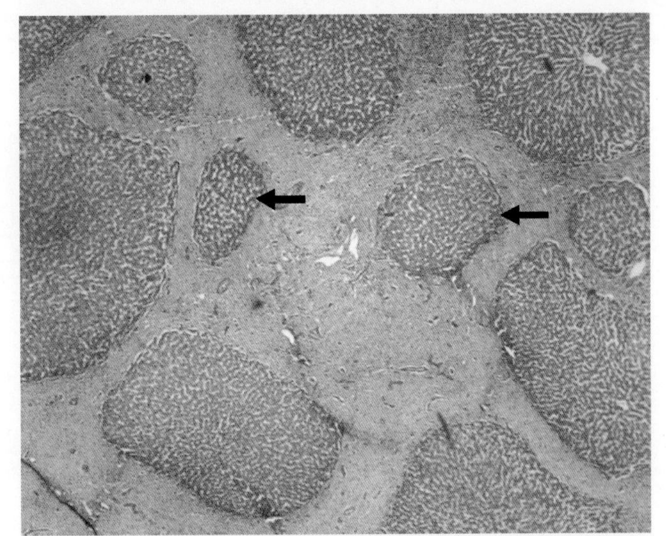

图16-16　猪肝硬变
间质结缔组织增生，假小叶形成（↑）

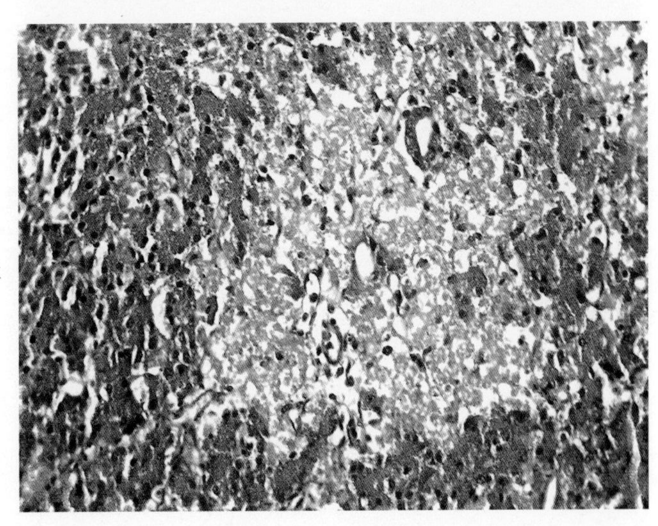

图16-17　鸭急性胰腺炎
胰腺腺泡坏死，可见凝固性坏死灶

四、泌尿系统

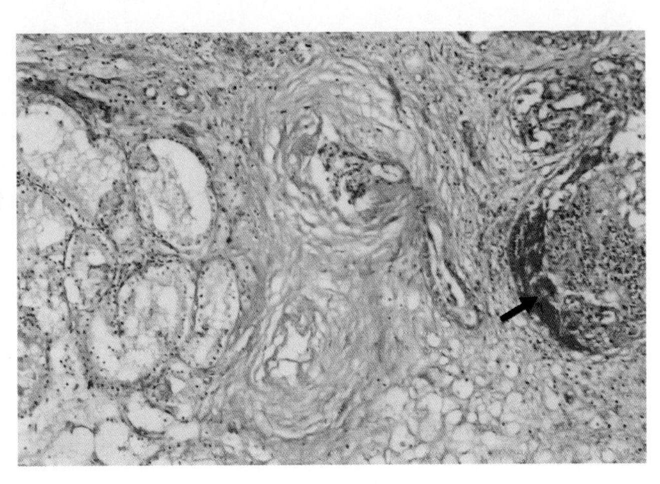

图16-18　慢性肾小球肾炎（H.E.染色，×200）
肾小球纤维化，并发生玻璃样变（↑）

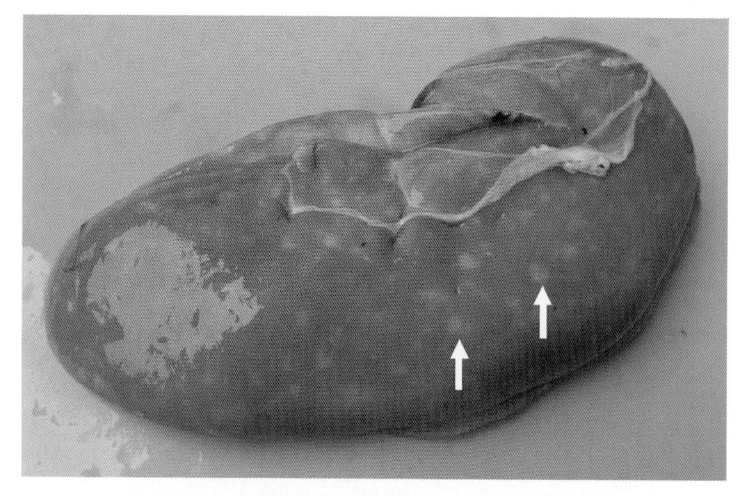

图16-19　间质性肾炎

肾表面可见白色斑块（白斑肾，↑）

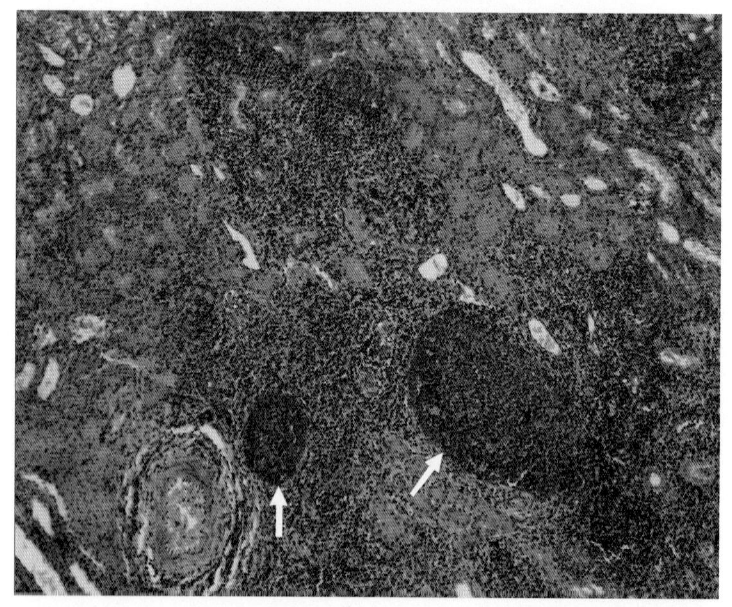

图16-20　间质性肾炎（初期）(H.E. 染色，×100)

间质中淋巴细胞等炎性细胞浸润（↑）

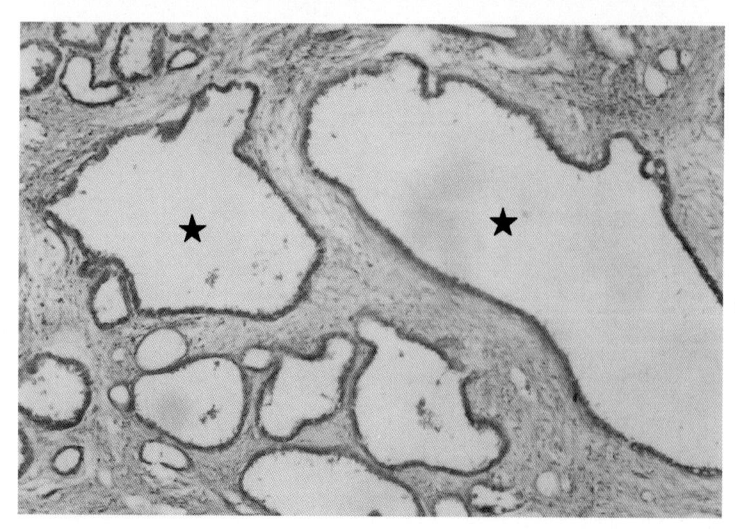

图16-21　间质性肾炎（后期）(H.E. 染色，×100)

间质结缔组织显著增生，少数肾小管扩张，呈大小不等的囊泡状（★）

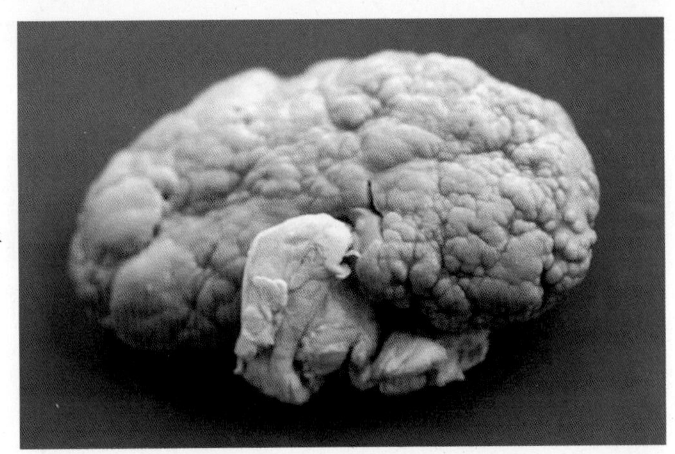

图16-22　固缩肾
肾体积缩小，表面凹凸不平

五、生殖系统

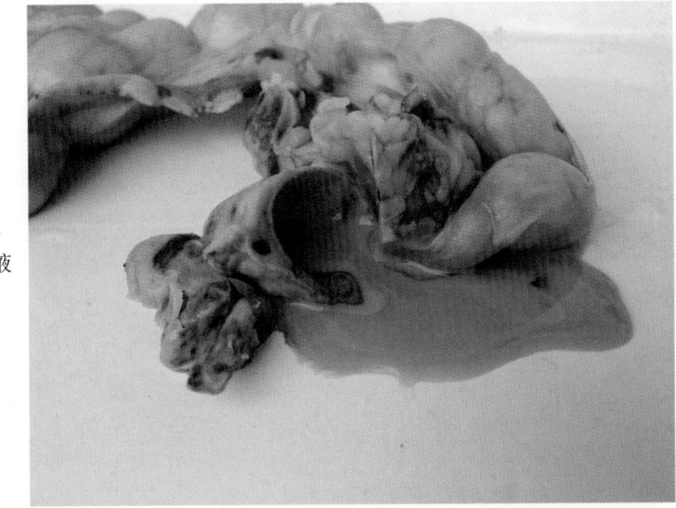

图16-23　化脓性子宫内膜炎
子宫体积增大，子宫腔内蓄积脓液

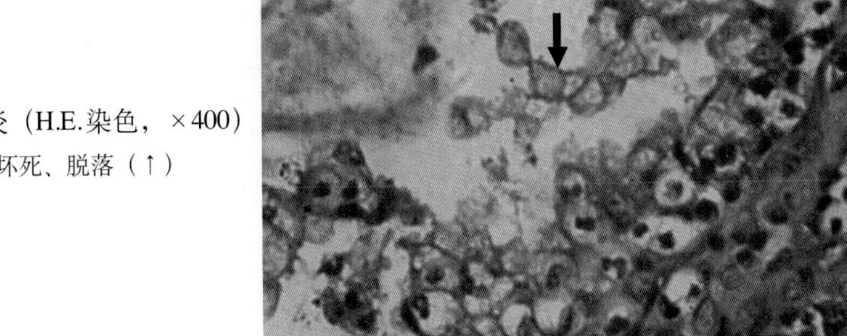

图16-24　子宫内膜炎（H.E.染色，×400）
黏膜上皮变性、坏死、脱落（↑）

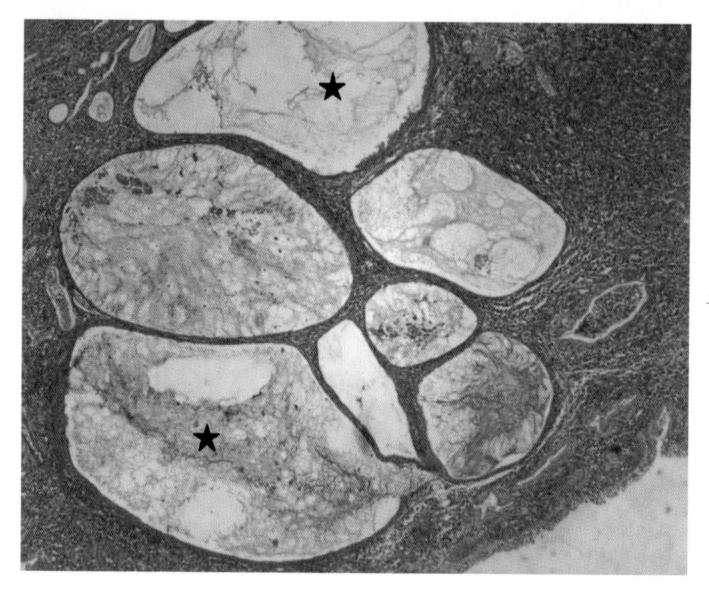

图16-25　慢性子宫内膜炎
子宫腺腺腔扩张，呈囊状（★）

六、免疫系统

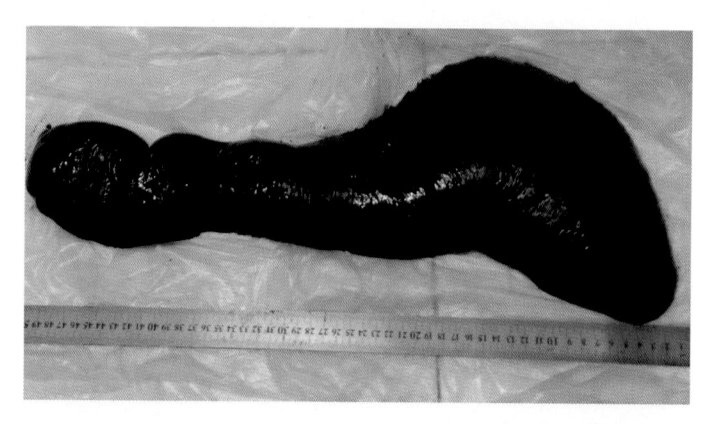

图16-26　犬急性炎性脾肿
脾高度肿大，呈黑红色

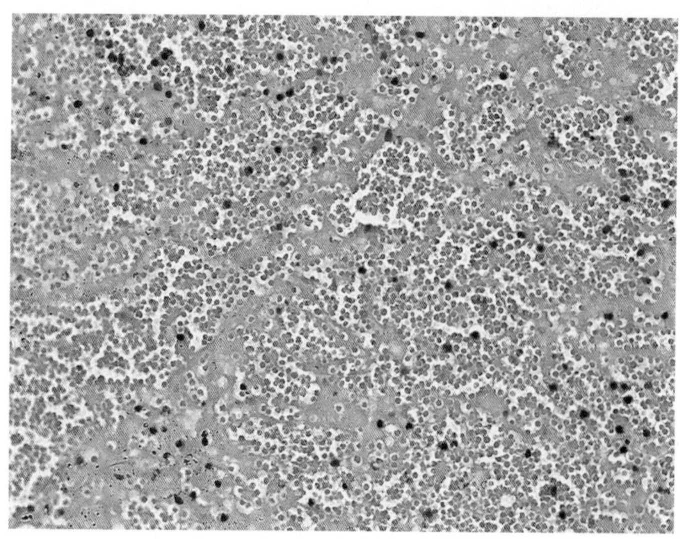

图16-27　犬急性炎性脾肿（H.E.染色，×400）
淋巴细胞、网状细胞坏死、崩解，脾出血

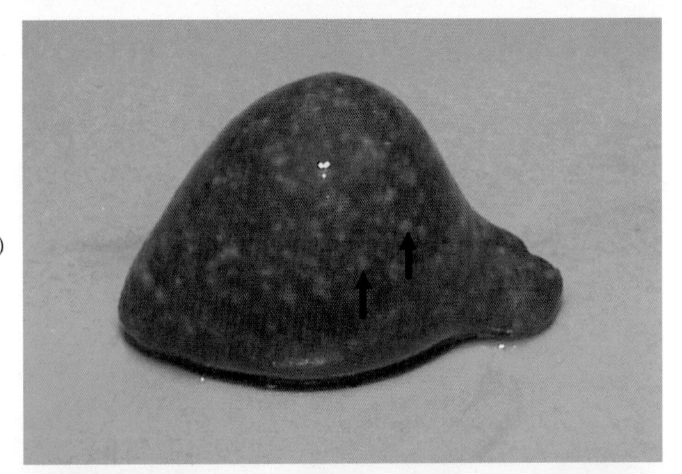

图16-28　坏死性脾炎

脾表面有黄白色坏死灶（↑）

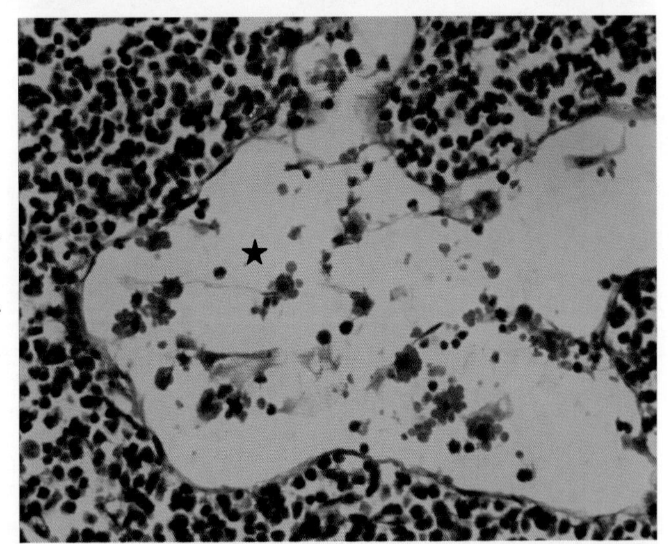

图16-29　犬浆液性淋巴结炎（H.E.染色，×400）

淋巴窦扩张（★），淋巴窦内充满巨噬细胞、淋巴细胞、红细胞等

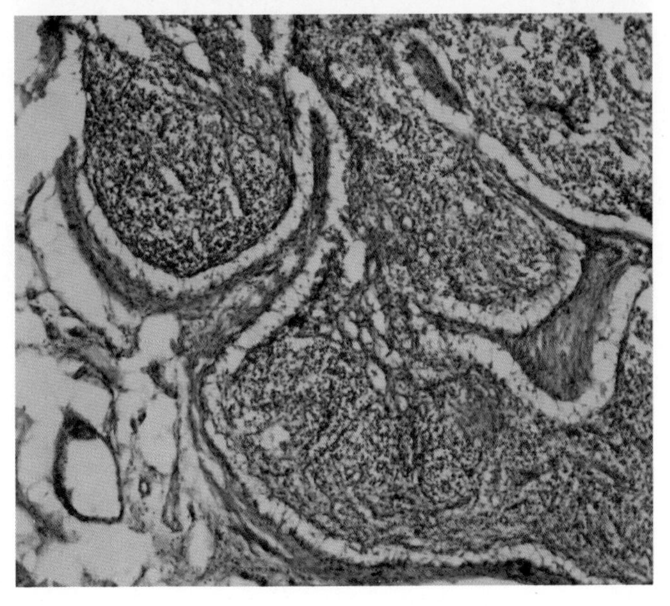

图16-30　慢性淋巴结炎（H.E.染色，×100）

淋巴细胞消失殆尽，结缔组织增多

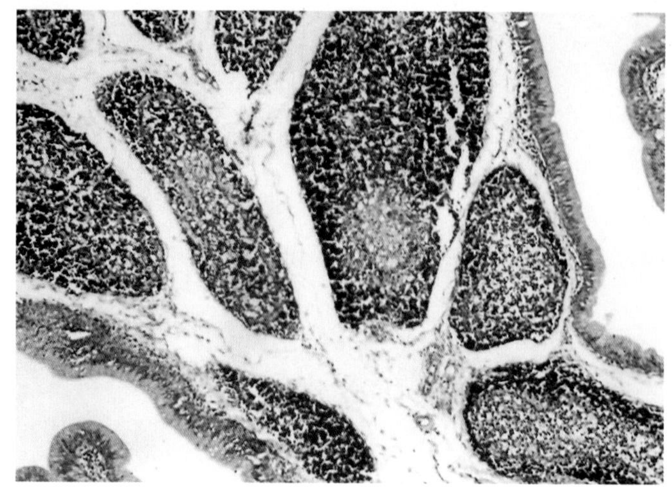

图16-31 法氏囊炎（H.E.染色，×100）
法氏囊淋巴滤泡坏死

七、神经系统

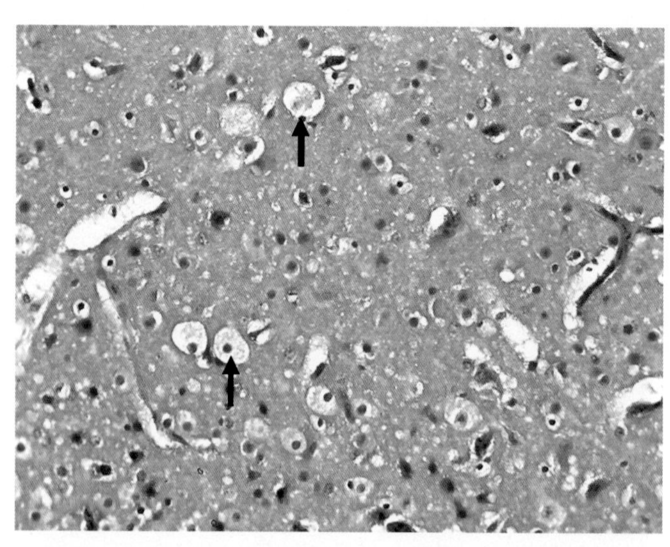

图16-32 非化脓性脑炎（H.E.染色，×400）
神经细胞变性、坏死（↑）

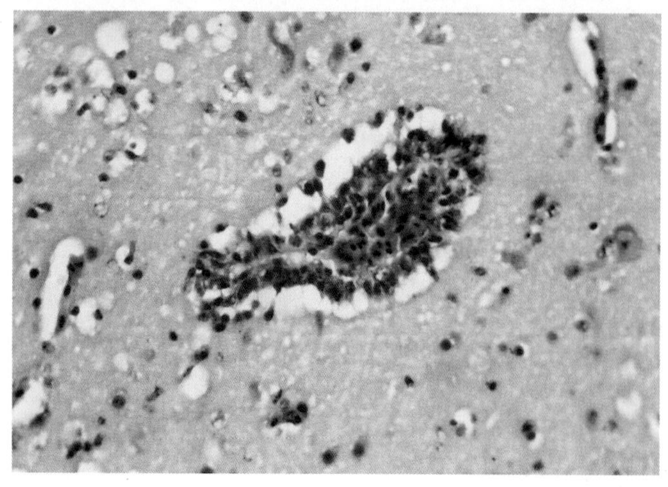

图16-33 鸭非化脓性脑炎（H.E.染色，×400）
血管周围淋巴细胞、巨噬细胞等浸润，形成管套

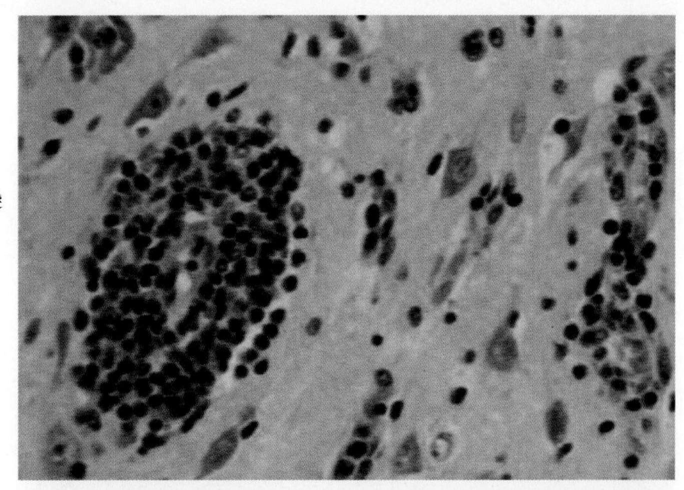

图16-34　嗜酸性粒细胞性脑炎（H.E.染色，×400）

嗜酸性粒细胞环绕血管，形成管套

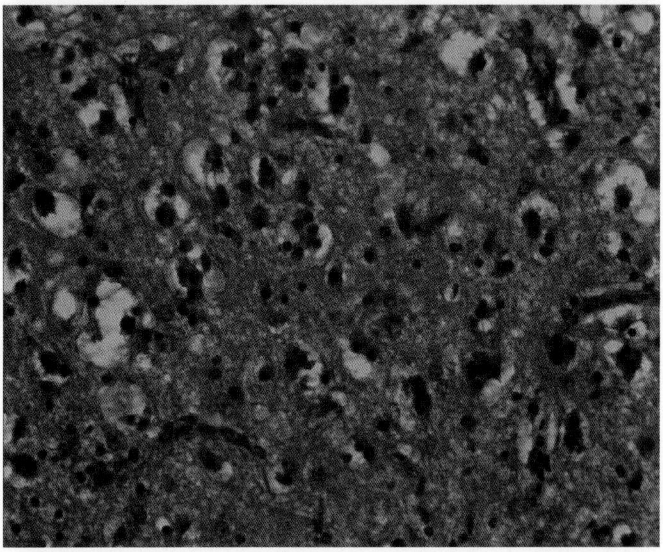

图16-35　大脑噬神经元现象（H.E.染色，×400）

小胶质细胞吞噬、清除坏死的神经元

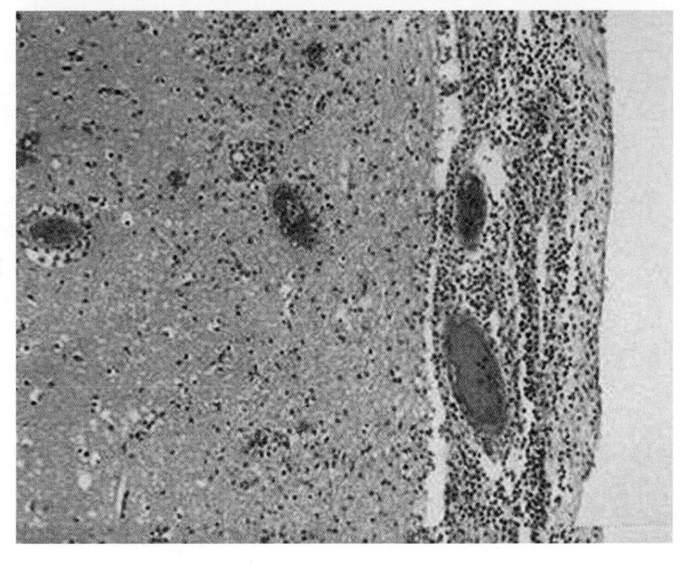

图16-36　化脓性脑膜炎（H.E.染色，×100）

血管扩张充血，脑膜增厚，大量中性粒细胞渗出

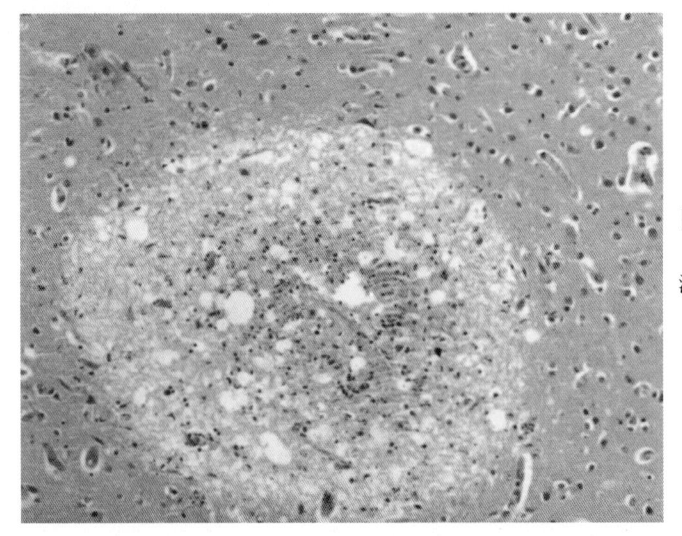

图16-37　大脑软化灶（H.E.染色，×100）

局部神经组织坏死，形成软化灶，病灶边界清楚

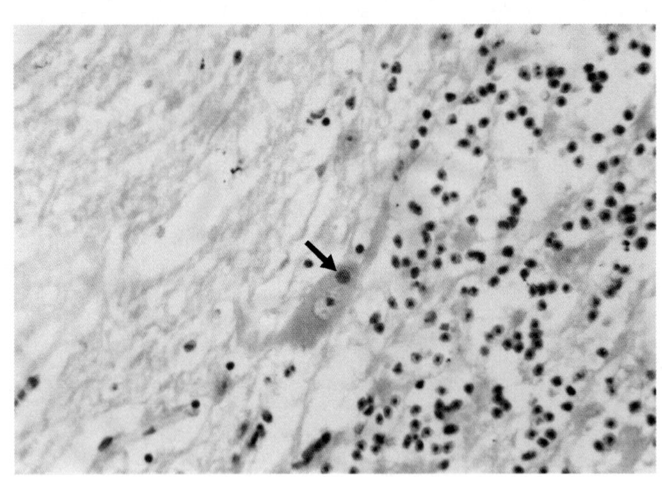

图16-38　包涵体（牛狂犬病）（H.E.染色，×400）

小脑蒲肯野细胞胞质内有嗜酸性包涵体（↑）

第十七章　传染病病理

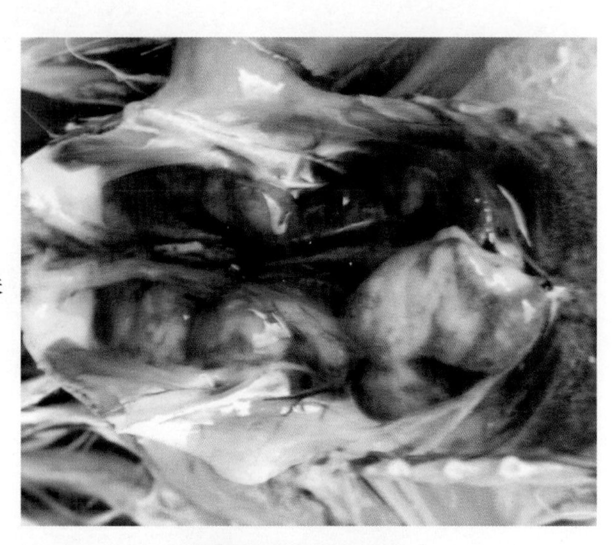

图17-1　马立克病
肾肿胀，卵巢肿胀、灰白色，卵巢结构消失

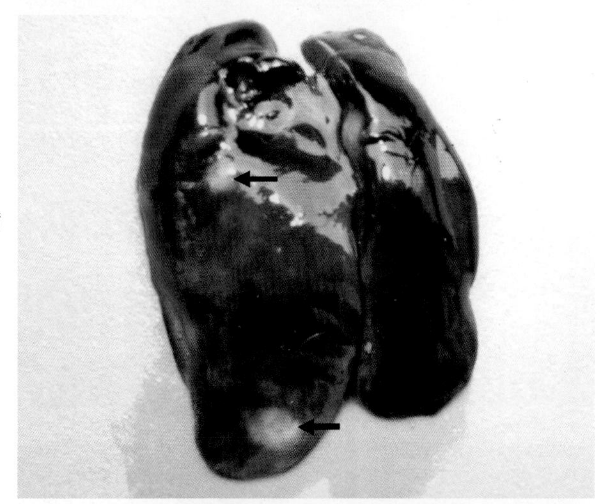

图17-2　马立克病
肝灰白色肿瘤结节

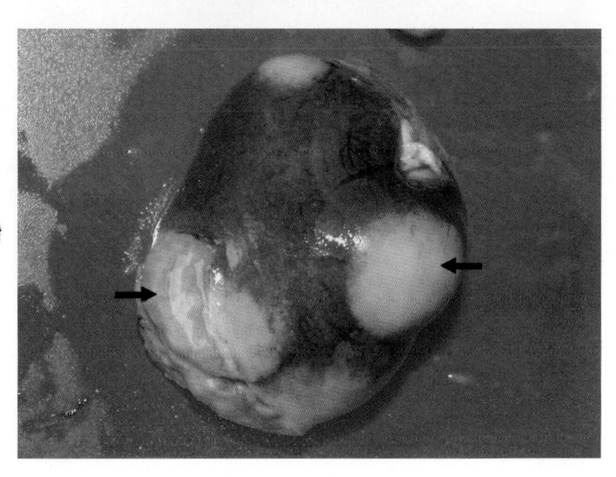

图17-3　马立克病
脾高度肿大，表面可见灰白色肿瘤结节，结节有脂肪样光泽

图17-4　马立克病
肾高度肿胀

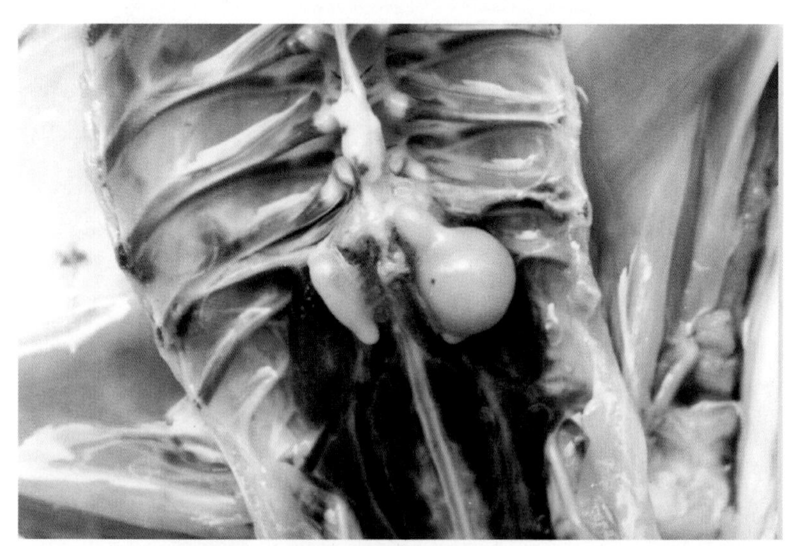

图17-5　马立克病
一侧睾丸肿大

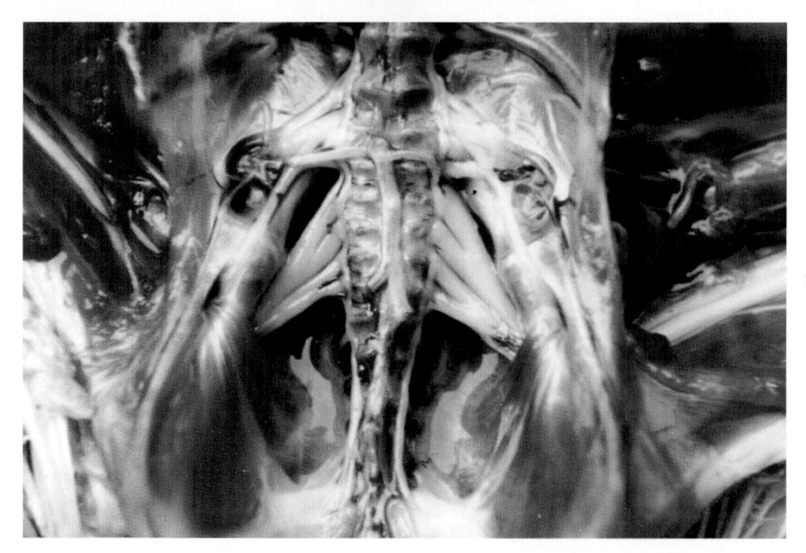

图17-6　马立克病
两侧腰荐神经丛均增粗

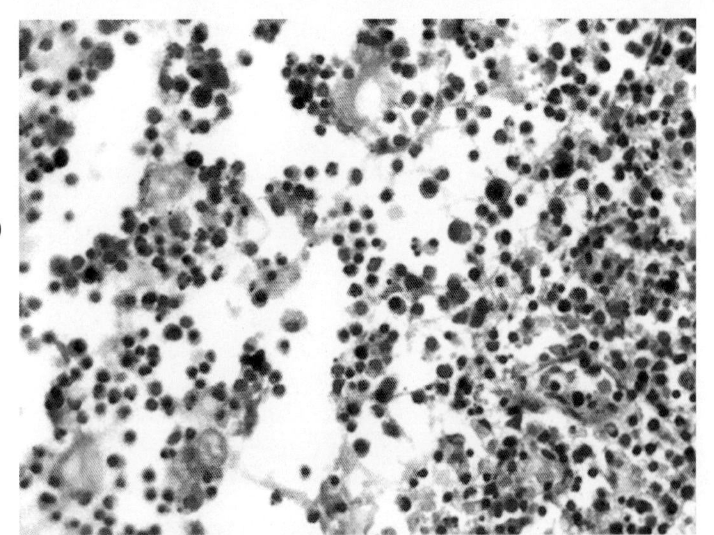

图17-7　马立克病（H.E.染色，×400）
肿瘤细胞为多形态淋巴样瘤细胞

图17-8　番鸭呼肠孤病毒感染
肝表面可见大量灰黄色坏死灶

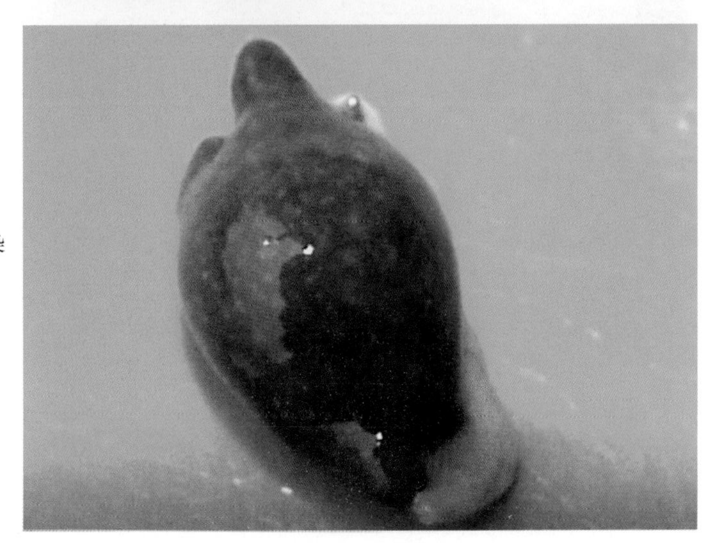

图17-9　番鸭呼肠孤病毒感染
脾表面可见大量灰黄色坏死灶

图 17-10　鸭病毒性肝炎
肝肿大、灰黄色，表面可见出血斑

图 17-11　猪圆环病毒病
肾表面可见白色斑点

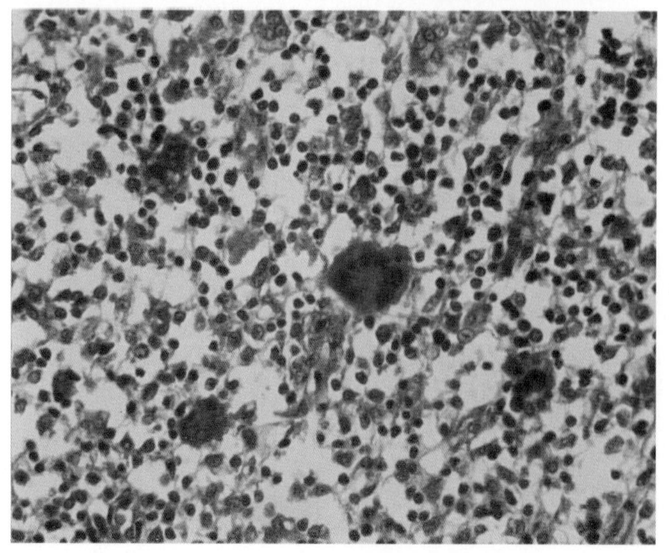

图 17-12　猪圆环病毒病（H.E.染色，×400）
淋巴结内多核巨细胞及上皮样细胞呈肉芽肿性炎症

图17-13　鸭坦布苏病毒病
卵泡严重出血，似黑葡萄样

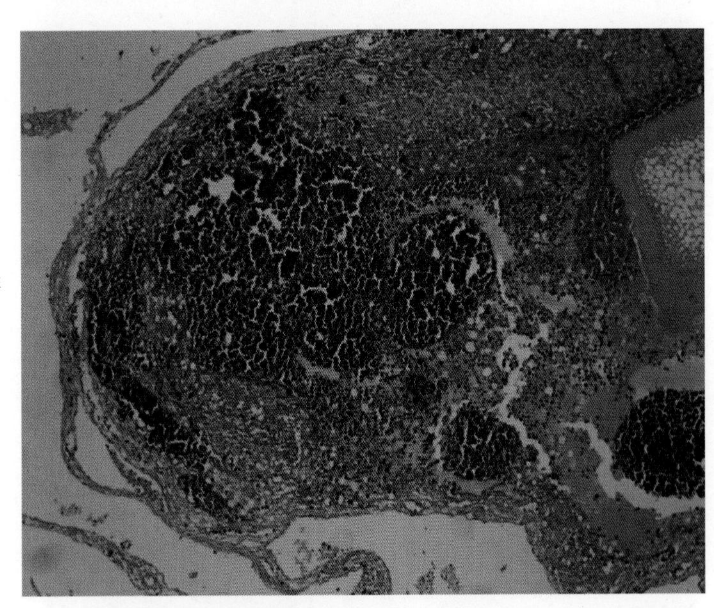

图17-14　鸭坦布苏病毒病（H.E.染色，×100）
卵泡内出血

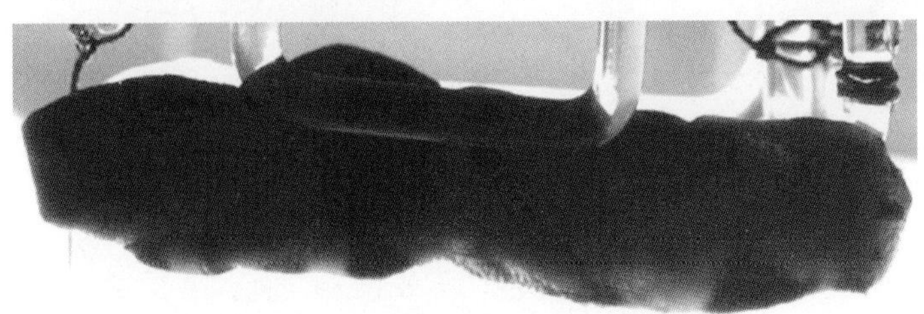

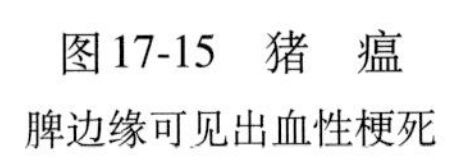

图17-15　猪　瘟
脾边缘可见出血性梗死

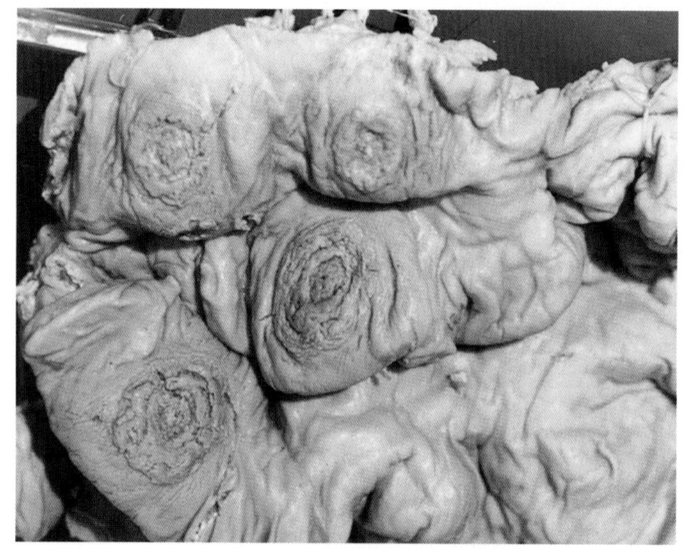

图17-16　猪　瘟

大肠黏膜及局部淋巴滤泡坏死，形成轮层状坏死溃疡灶

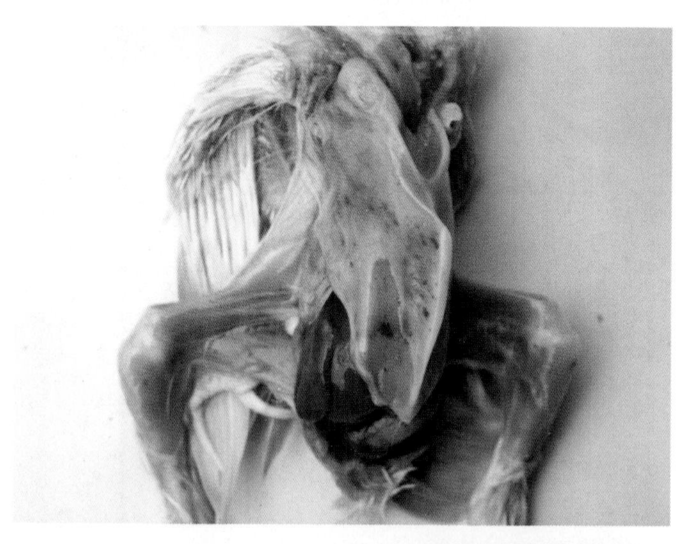

图17-17　传染性法氏囊病

胸肌出血

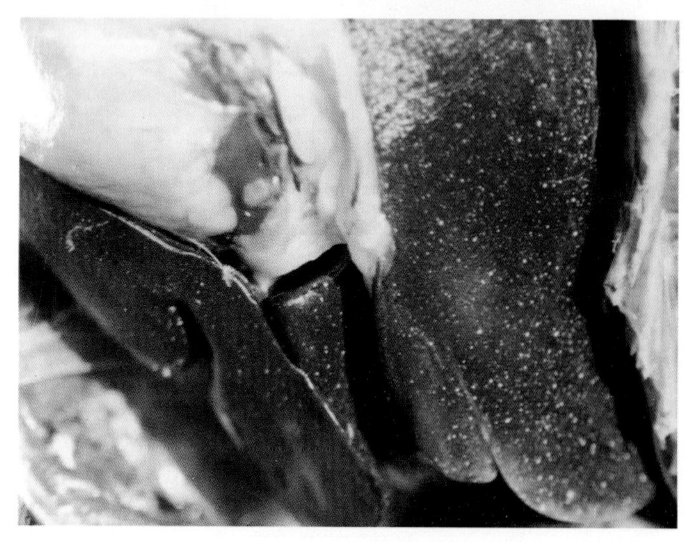

图17-18　鸭巴氏杆菌病

肝表面密布白色小坏死灶

图 17-19　鸭巴氏杆菌病

心冠脂肪有大量出血点

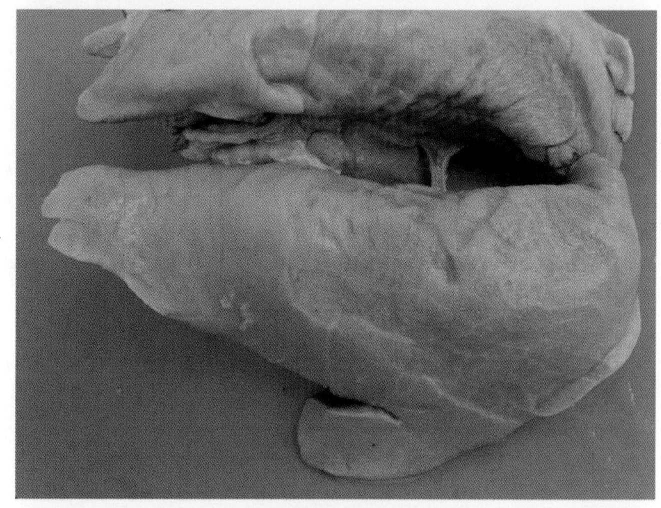

图 17-20　猪支原体肺炎

肺膈叶、尖叶下部实变（胰样变），与正常肺组织之间界限明显

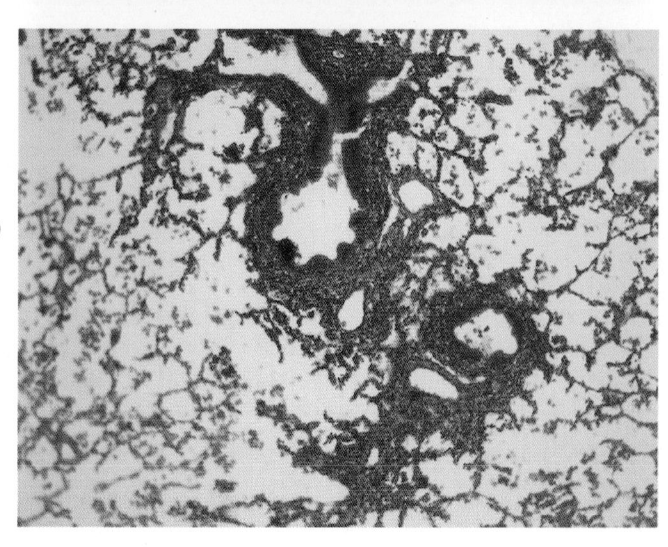

图 17-21　猪支原体肺炎（H.E.染色，×100）

支气管周围炎症，淋巴细胞形成“管套”

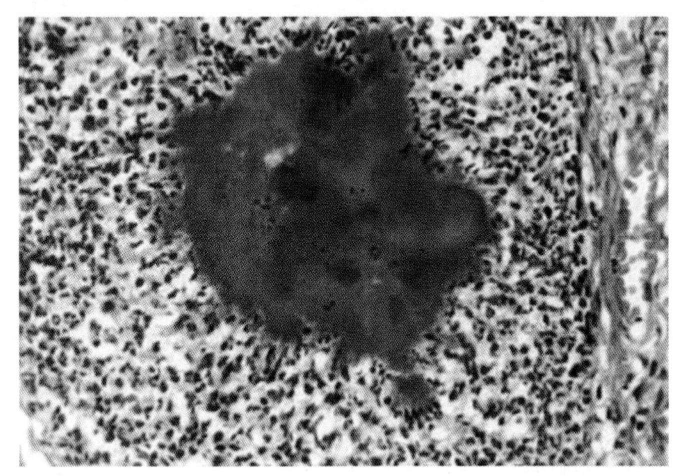

图17-22　猪放线菌病（H.E.染色，×400）

放线菌菌块呈菊花状，菌块边缘的棒状体呈放射状排列，菌块周围有中性粒细胞、上皮样细胞、淋巴细胞

第十八章　寄生虫病病理

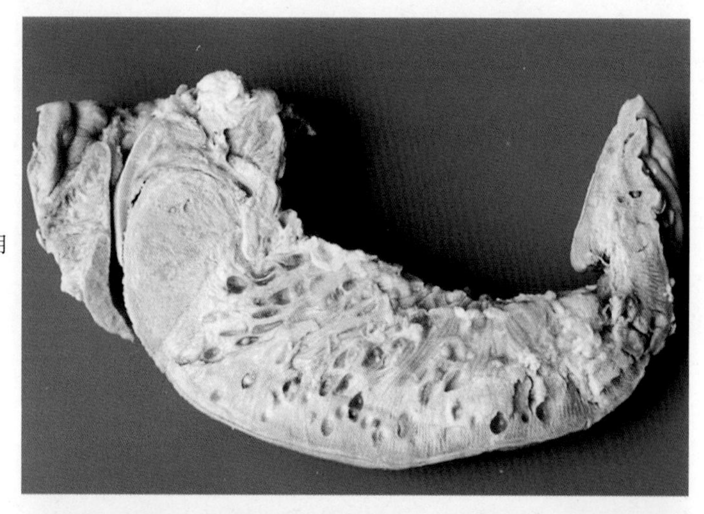

图18-1　猪囊虫病

舌肌内的囊尾蚴，虫体呈黄豆大、半透明的囊泡，囊内有米粒大白色头节

图18-2　猪囊虫病

骨骼肌内的囊尾蚴，虫体呈半透明的囊泡，囊内充满液体

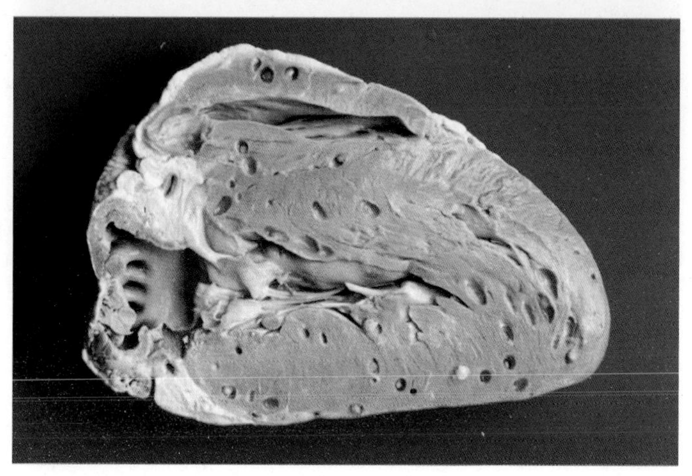

图18-3　猪囊虫病

心肌纤维间的囊尾蚴，虫体呈囊泡状，囊内有乳白色头节

图 18-4　鸡组织滴虫病

肝肿大，肝表面形成大小不等的坏死灶，外观呈斑驳状

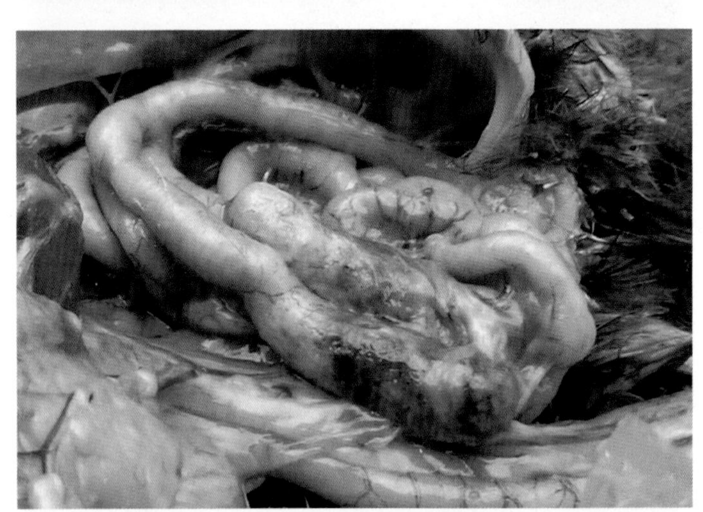

图 18-5　鸡组织滴虫病

一侧盲肠肿大、增粗、硬实

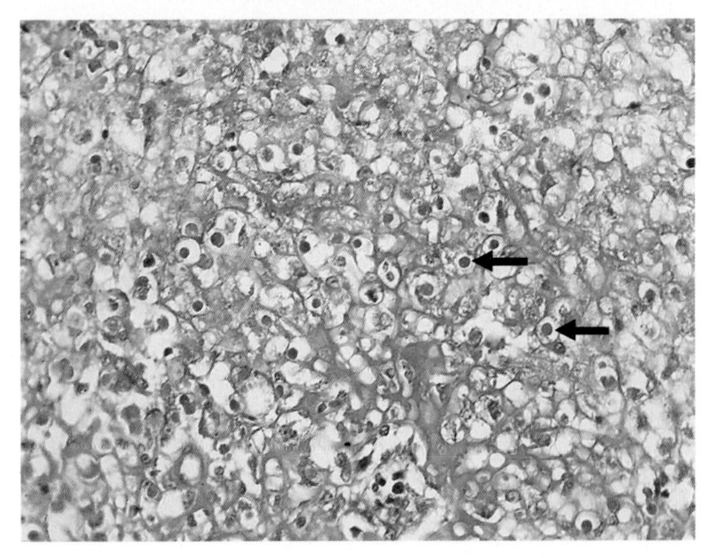

图 18-6　鸡组织滴虫病（H.E.染色，×400）

肝细胞坏死，可见大量组织滴虫（↑）

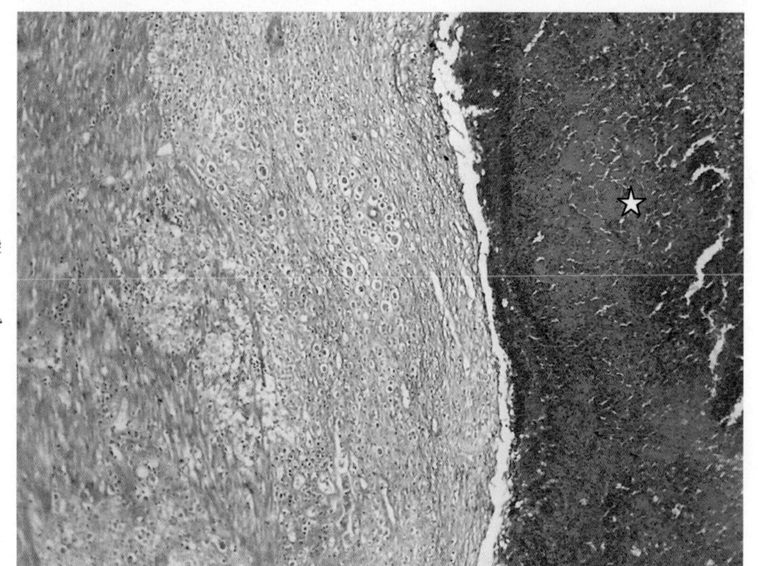

图18-7　鸡组织滴虫病（H.E.染色，×100）

盲肠黏膜坏死（☆），盲肠平滑肌内可见大量组织滴虫

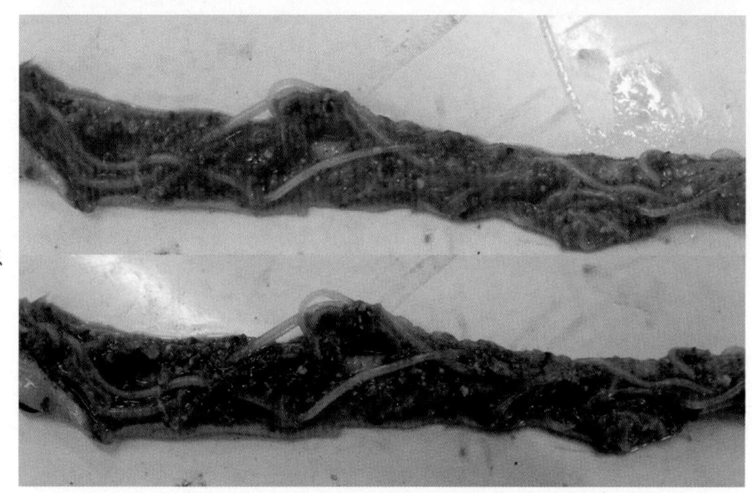

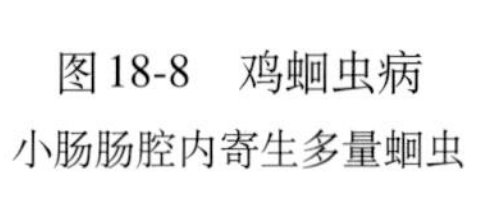

图18-8　鸡蛔虫病

小肠肠腔内寄生多量蛔虫

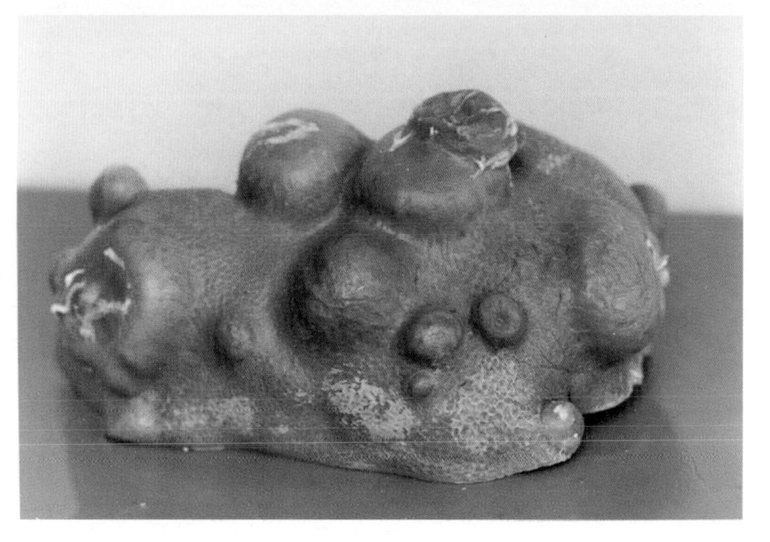

图18-9　猪棘球蚴病（包虫病）

肝内形成大小不等的包囊，内含液体

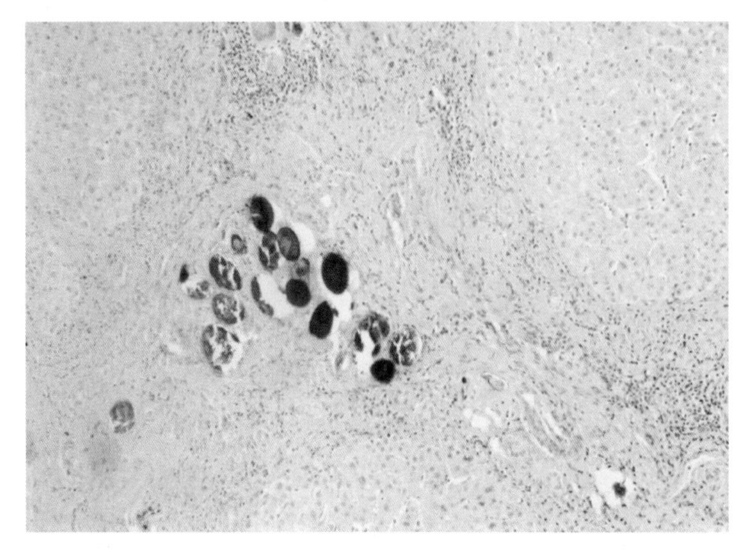

图18-10　牛血吸虫病（H.E.染色，×100）

血吸虫虫卵沉着在肝间质的汇管区，虫卵变性或钙化，小叶间质增生

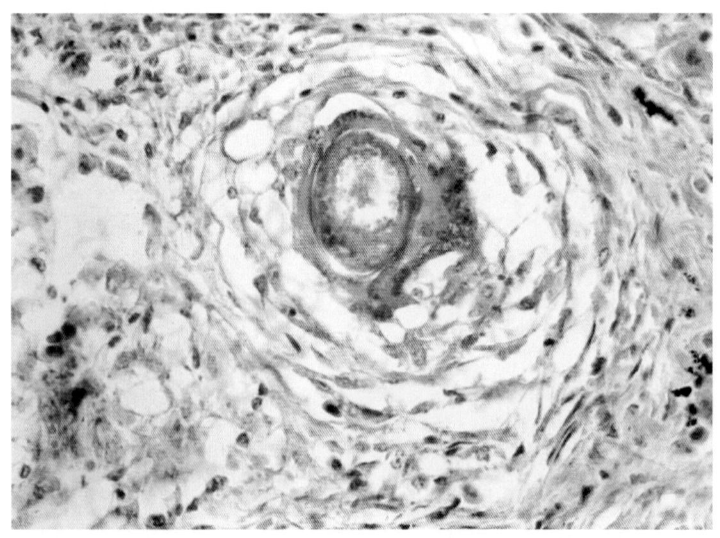

图18-11　牛血吸虫病（H.E.染色，×400）

虫卵被多核巨细胞吞噬，以虫卵为中心形成增生性结节

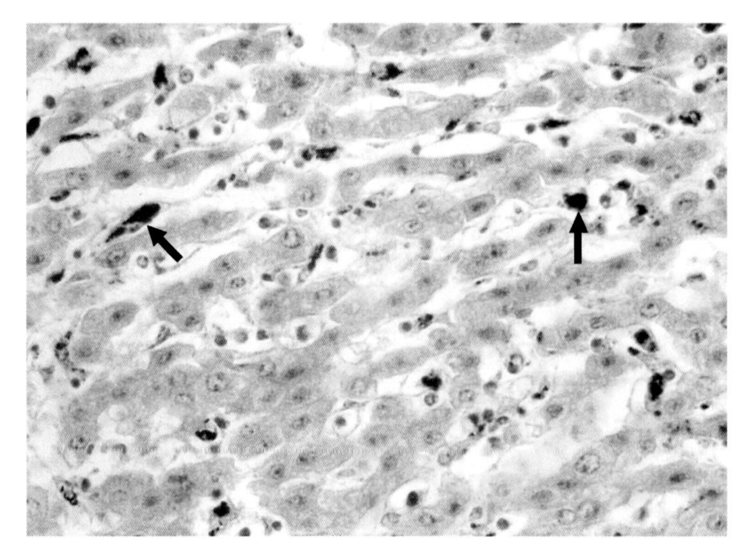

图18-12　牛血吸虫病（H.E.染色，×400）

枯否细胞内血吸虫色素沉着，呈棕褐色（↑）

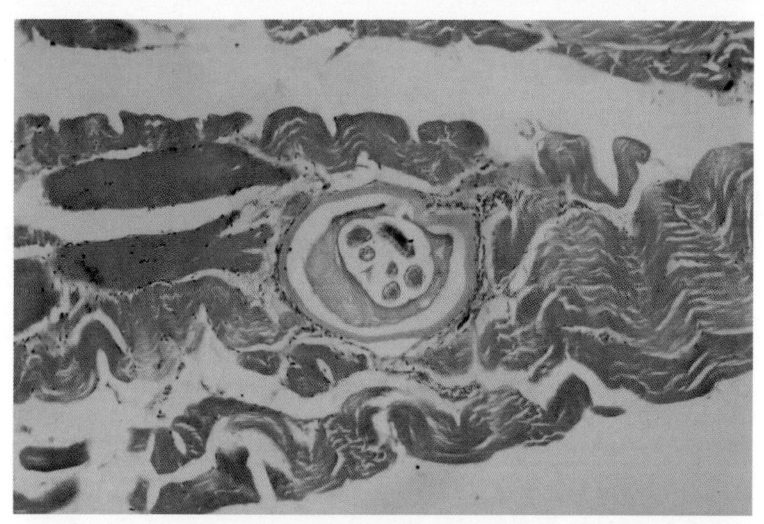

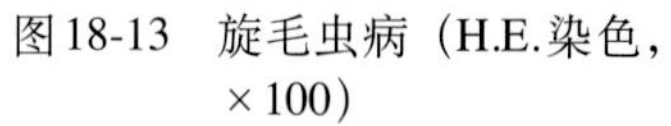

图18-13　旋毛虫病（H.E.染色，×100）

旋毛虫幼虫寄生在肌纤维内，虫体周围形成包囊，包囊内可见卷曲成螺旋状的幼虫或幼虫断面

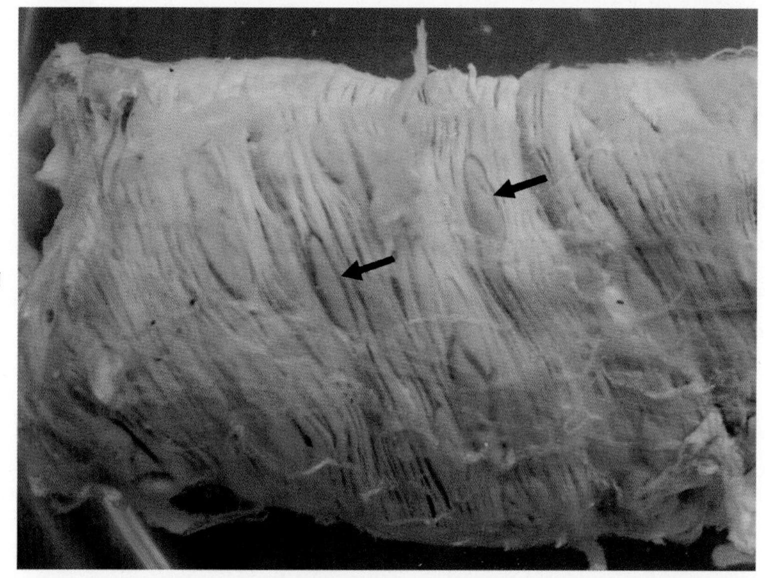

图18-14　牛住肉孢子虫病

牛食管平滑肌内可见椭圆形、白色不透明的孢囊（↑）

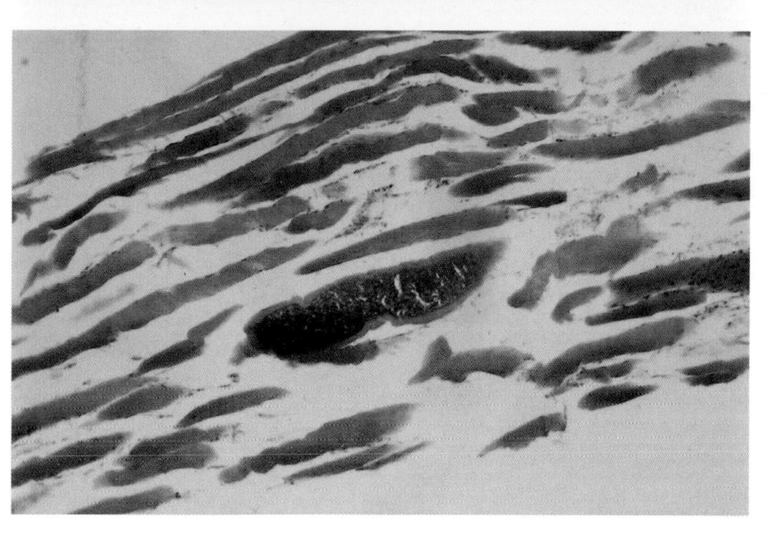

图18-15　猪住肉孢子虫病（H.E.染色，×100）

住肉孢子虫寄生于肌纤维内，包囊（米氏囊）内含有大量慢殖子

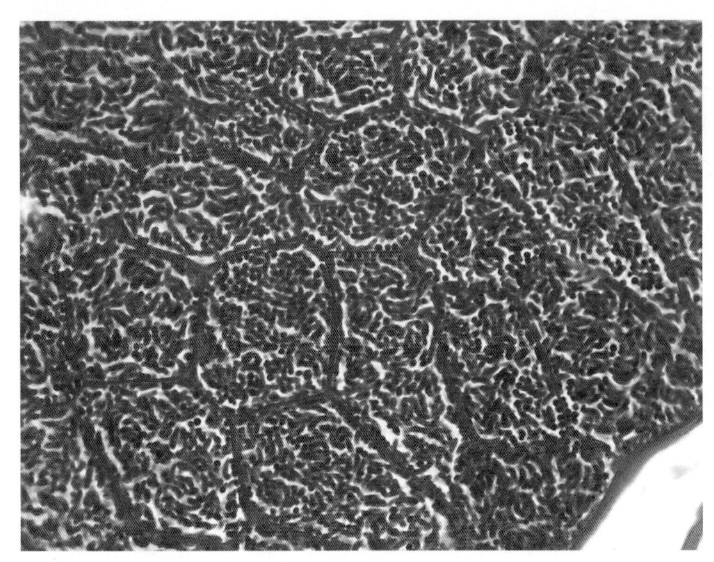

图18-16　住肉孢子虫病（H.E.染色，×400）

包囊内膜伸入囊内，将囊分为许多小室，小室内含有大量香蕉形慢殖子